KB251052

약이 되는 소금, 죽염

연구로 검증된 죽염의 건강 메커니즘

박건영

미국 네브라스카주립대 식품과학·공학 박사
미국 하버드대학교 영양학과 포스닥(Post-Doc)
전)부산대학교 식품영양학과 교수
전)대한암예방학회 회장
한림원 종신회원

정운경

고려대학교 경제학 석사
남서울대학교 보건학 석사
서울 벤처대학원 대학교 (건강)상담학 박사
전)동 대학원 겸임 교수
(주)티탑 CEO

약이 되는 소금, 죽염
연구로 검증된 죽염의 건강 메커니즘

초판 1쇄 인쇄 2026년 4월 10일
초판 1쇄 발행 2026년 4월 15일

지은이 박건영·정운경
펴낸이 양동현
펴낸곳 아카데미북
　　　 출판등록 제13-493호
　　　 주소 02832, 서울 성북구 동소문로13가길 27
　　　 전화 02) 927-2345 팩스 02) 927-3199

ISBN 978-89-5681-208-3 / 03400

www.iacademybook.com

약이 되는 소금, 죽염

연구로 검증된 죽염의 건강 메커니즘

박건영 · 정운경

아카데미북

소금 ©태평염전

머리말

소금은 건강에 필수적이며, 오래전부터 음식의 맛을 살리고 발효를 돕는 데 꼭 필요한, 우리의 식생활에서 빠질 수 없는 영양소이자 재료였다. 하지만 현대 식단에서는 소금 섭취가 과해지면서 혈관 건강과 혈압에 부담이 된다는 우려가 계속 제기되고 있다.

그런데 우리나라 전통 방식으로 여러 번 고온에서 구워 만드는 '죽염'은 일반 소금과는 성질이 다르며, '약소금'으로 불릴 만큼 독특한 특징을 가진 소금으로 관심을 받고 있다.

죽염은 반복적인 가열 과정에서 맛이 부드러워지기 때문에 자극이 덜하다고 느끼는 사람들이 많다. 그래서 평소 짠맛이 부담스럽거나 소금 사용을 조심하고 싶은 사람들이 대안으로 선택하는 경우가 상당히 늘고 있다.

이 책은 그동안 죽염 연구를 한 교수들의 연구 내용을 요약하여, 전문 논문을 모두 읽지 않아도 죽염에 대한 핵심 내용을 이해할 수 있도록 하였다. SCI(Science Citation Index)에 등재된 학술지(세계적 권위와 영향력을 인정받는 저널)와 KSCI(한국에서 인정받는 과학학술지) 등에 게재된 죽염 관련 연구 논문들을 정리했다. 죽염의 특성, 피부 건강 관련, 혈압과의 관계, 암세포, 생체에서의 항암 효과, 염증, 암세포 전이 억제 등의 연구 결과, 구강, 치아 건강, 위 건강, 간 건강, 비만과 비알코올성 지방간 조절, 죽염과 비염, 아토피 피부염, 알츠하이머 질병에 대한 감소 효과, 면역 증강 효과 등 그리고 죽염을 이용한 음식 특히 죽염 김치의 우수성 등을 망라했다.

죽염이 건강에 미치는 효과는 단순한 입소문이 아니다. 아직도 죽염과 관련된 연구들이 많이 남아 있다. 물론 죽염을 만병통치약이라고 예단할 수는 없다. 하지만 죽염을 활용하여 건강을 회복한 수많은 사례를 통해, 또 과학자들의 많은 실험 연구 결과로 미루어 볼 때, 죽염이 다양한 질병을 예방하고 치료하는 데 중요한 관련성이 있을 것이라고 충분히 짐작해 볼 수 있다.

한류가 전세계적인 문화 현상이 된 오늘날, 한국의 전통에 기반하여 한국인이 제조한 약소금인 죽염은 또한 K-푸드와 함께 전세계에 알려질 큰 자산이 될 수 있다. 따라서 후배 연구자들도 많은 관심을 가지고 연구하여 죽염을 세계적인 K-소금으로 발전시키면 좋겠다.

앞으로 이어질 내용에서는, 전통에서 출발하여 연구로 검증된, 죽염의 특성과 그 건강 메커니즘을 소개한다.

2026년 봄, 저자

염전 ⓒ태평염전

소금은 가장 순결한 부모인 태양과 바다의 산물이다.

- 독일 속담

죽염은 한국인의 전통에 기반한 지혜로

만들어진 약소금이다.

- 본문 중에서

소금이란 무엇인가

1

1. 소금의 역할

소금(小金)은 예로부터 '작은(小) 금(金)'이라 부를 정도로 금처럼 귀중하게 여겨졌으며, 인체의 생명 유지와 음식의 맛, 식품의 보존 등에 사용되었다.

소금은 인체에서 삼투압을 조절하며, 신경 흥분(신경에서 메시지 전달)·근육 수축·영양소 이동 등에 이용되고, 김치·된장 등의 발효식품 제조에 쓰이는데, 한국인은 이 발효식품을 통해 소금을 섭취하는 경우가 많다.

또한 소금은 식품에서 짠맛을 내는 기본적인 특성 외에도 유익한 프로바이오틱스(probiotics)를 잘 성장하게 하여 식품 발효에 참여하고 부패균을 사멸하고 유해균의 성장을 억제하여 부패도 방지하는 역할을 한다.

시중에서 구입하여 사용하는 소금은 천일염·정제염·재제염·가공염·암염·죽염 등 다양한데, 소금의 종류에 따라 성분과 건강 효과가 상당히 다르다. 미네랄이 함유된 천일염과 미네랄이 없는 정제염은 소금 자체의 기능성도 다르고, 특히 발효식품 제조 시 발효의 양성, 맛, 저장성 및 건강기능성에 차이가 있다. 특히 천일염으로 만든 죽염은 소금이지만 약(藥)의 역할을 한다.

소금은 인체에 매우 중요한 역할을 하지만 적당량의 섭취가 중요하다. 너무 많이 먹어도 좋지 않지만 적게 먹어도 건강에 해롭다.

소금 섭취가 과다할 때는 심혈관계 질환·뇌졸중(중풍)·신장질환·위암 등의 질병이 생길 수 있다. 반면 소금 섭취가 지나치게 적은 저나트륨혈증에서는 소화불량, 정신무력증(피로·정신불안·뇌신호가 잘 안 됨), 근육 경련 및 악화(근육 기능 감소·경련), 전해질 균형이 깨진다.

노인들의 경우는 뼈가 약해져서 골절·골다공증·자주 넘어지는 일이 일어나며, 간질(뇌전증) 등으로 사망할 수 있으므로 적당량의 소금 섭취는 반드시 필요하다.

2. 소금의 섭취량

소금(NaCl) 1g을 섭취하면 나트륨(Na)은 약 400mg(0.4g)을 섭취하게 된다. 그래서 나트륨 1g은 소금 2.5g에 해당한다. 나트륨 섭취가 증가하면 세포외액의 부피가 늘어나 혈압이 상승한다.

일반적으로 소금은 건강에 나쁘다는 인식이 강하다. 세계보건기구(WHO)와 우리나라 정부에서는 소금의 하루 권장섭취량으로 5g(Na로는 2g/일)을 추천하고 있다. 그러나 소금을 연구하는 석학들은 세계적인 의학잡지 *NEJM*(New England Journal of Medicine)[1]과 *Lancet*[2] 등에서 건강을 위해 7.5~15g(NaCl/일 : 소변으로 배출되는 양으로 계산)을 추천한다. 더구나 정상 혈압을 가진 사람들은 소금을 더 많이 섭취해도 크게 문제가 없다는 역학조사 연구 결과도 있다.[2] 그러나 체질에 따라 차이가 있으므로 고혈압 환자나 소금에 대해 민감성이 높은 사람들은 과량 섭취에 주의해야 한다.

우리나라의 경우, 과거에는 소금 섭취량이 하루 13~19g 수준이었으나 최근 국민건강영양조사에서는 약 8~9g 수준으로 감소한 것으로 나타났다. 이는 저염 섭취 캠페인의 영향으로 해석되며, 일부 발효식품에서는 염도가 과거보다 많이 낮아진 사례도 보고되고 있다.

MJ. 오도넬 박사 등은[3] 나트륨 4~6g/일(NaCl로는 10~15g/

일) 섭취가 심혈관 사망률과 다른 사망률을 감소시켰다고 하였다. 환자 2만 8,880명을 대상으로 연구한 결과, 하루 나트륨 섭취량이 3g(NaCl로는 7.5g) 이하가 되면 오히려 심혈관 질환의 사망률이 높고, 7g(NaCl로는 17.5g) 이상에서도 위험도가 증가했다고 보고했다. 즉 〈그림 1〉에서 보는 바와 같이 벨 모양(U자)의 소금 섭취량이 중요하다는 것이다. 여기에서는 혈관 질환으로 뇌졸중(중풍)·심근경색·울혈성 심부전 등으로 사망한 위험률을 소개한 것이다. 반면 칼륨(K)의 섭취 증가는

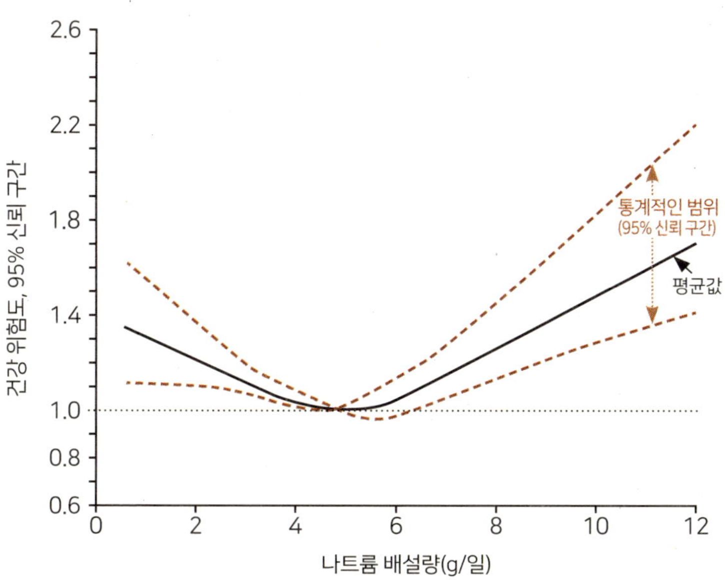

<그림1> 24시간 동안 나트륨 배설량과 건강 위험도[3]
(혈관 질환 사망, 중풍, 심근경색과 울혈성 심부전으로 입원 등 비교)

사망률을 감소시켰다고 하였다.

결국 적정 소금 섭취량을 연구한 학자들은 하루에 나트륨 3g 이하나 6g 이상(NaCl 7.5g 이하, 15g 이상)을 섭취하면 심혈관 질환의 사망률과 위험도가 증가한다고 하였다. 그리고 저염식을 할 경우 달고 기름진 음식을 선호하여 다른 위험 요인을 높일 수 있다.

소금의 권장 섭취량은 인종적·지역적·식문화 차이를 고려해야 하며, 식물성 식품 및 발효식품을 많이 먹는 나라에서는 다른 기준이 필요하다고 생각된다.

한국인은 천일염과 발효식품을 많이 섭취하므로 한국인을

소금 속 나트륨(Na) 양은 얼마나 될까?

우리가 말하는 '소금'(NaCl)은 나트륨(Na)과 염소(Cl)가 결합된 형태이다. 따라서 음식에서 소금을 얼마나 먹었는지를 볼 때는 그 안에 들어 있는 나트륨 양을 함께 이해하는 것이 중요하다.

소금 1g에는 나트륨이 약 40% 정도이고, 나머지는 염소 성분이다. 그러므로 소금 1g을 먹으면 0.4g 정도의 나트륨을 섭취하는 셈이다. 이 비율을 바꿔 말하면, 나트륨 1g=소금 약 2.5g, 나트륨 2g=소금 약 5g이라는 의미가 된다. 즉 건강 관련 정보에서 '나트륨을 하루 2g 이하로 섭취하라'는 말은, 실제 식탁에서 는 약 5g 정도의 소금을 먹는 것으로 이해하면 된다.

위한 나트륨 섭취량은 하루에 3~6g이 적당할 것으로 생각되
지만 국가 차원에서 우리 식생활 환경에 맞추어 추천할 수 있
도록 더욱 깊은 연구가 필요하다고 하겠다.

3. 코리안 패러독스

'프렌치 패러독스(French Paradox)'라는 말이 있다. 프랑스 사람들
은 술(wine)을 많이 섭취하는데도 심장병에 잘 걸리지 않는다.
이는 적포도주에 레스베라트롤이나 안토시아닌 등이 많아서
술의 해로운 작용을 억제해 준다는 역설이다.
　한국인도 소금이 많이 들어 있는 된장 · 간장 · 고추장 · 김

<그림2> 프렌치 패러독스와 코리안 패러독스

치 등을 먹지만, 발효식품 내의 미생물들과 발효 산물 등이 이들로부터 유래하는 소금의 유해한 작용을 막아 준다는 것이 '코리안 패러독스(Korean Paradox, 한국의 역설)'이다.[4)]

또한 발효식품은 칼륨·칼슘 등이 많은 천일염으로 제조되고, 이들의 원료인 콩·채소 등은 칼륨이 많아 이를 '솔트 패러독스(Korean Salt Paradox)'라고도 하는데 순수한 소금과 발효식품 중 소금의 체내 대사는 많은 차이점이 있다는 것이다(그림 2).

실험 동물에 소금과 동일한 염도의 발효 장류(된장·간장·고추장)을 섭취시켰을 때 혈압의 변화 등 건강기능성은 다른 양상을 나타낸다. 순수한 소금물을 섭취한 실험군의 혈압은 증류수로 섭취시킨 대조군보다 혈압이 크게 높아졌다. 그러나 동일한 소금 농도의 장류를 섭취시킨 흰쥐의 혈압은 상승하지 않고 증류수를 먹인 대조군과 비슷한 수준을 보였다.[4)]

〈그림3〉은 간 쇠고기(ground cooked meat)를 보관하는 동안 고기의 산패도(TBA, thiobarbituric acid가)를 측정한 그림이다. 된장은 12%의 소금을 함유하고 있는데, 실험계에서 10배로 희석해서 1.2%의 소금만 처리한 군(대조군+소금)은 저장 기간 중 시간이 지나면서 TBA가(산화)가 대조군에 비해 현저히 증가했다. 그러나 된장군(대조군+된장)은 보관 기간 중 이 값이 완전히 억제되었으며 제자리였다. 즉 된장은 같은 양의 소금을 가지고 있어도 산화(산패)를 완전히 억제하였다.

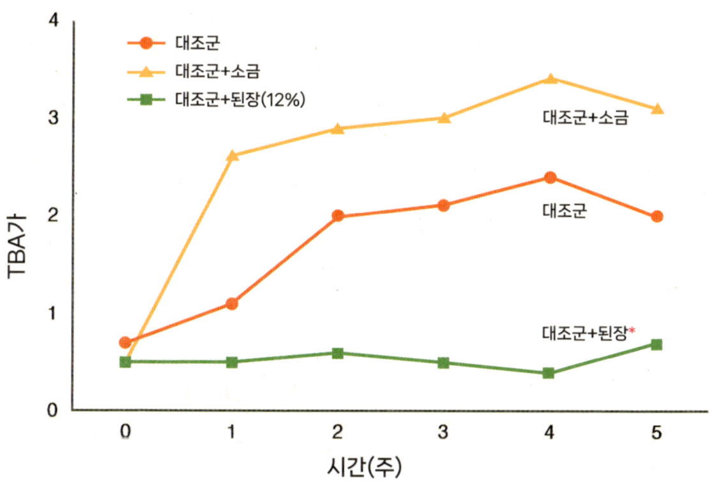

<그림3> 간 쇠고기를 6℃에서 5주 동안 보관하는 동안 소금(된장)과 TBA가
*12%의 소금을 함유한 된장

간장은 약 20%의 소금으로 발효한다. 일반적으로 소금이 많은 간장은 건강에 나쁘다고 생각할 수 있는데, 간장이 발효되면 오히려 약(藥)처럼 되어 항산화 효과 및 항암 효과가 높아진다. 콩은 유기농 검은콩을 사용하고, 발효균주·온도·기간·용기·죽염 사용 등에 의해 건강기능성이 더 잘 조절될 수 있다.

소금은 과도해도 좋지 않고 부족해도 좋지 않은 양면성을

소금이 들어간 전통 발효식품은 한국 식문화의 중요한 특징이다. ©인산가

지닌 물질이다. 그러나 한국의 전통 발효식품은 소금을 단순한 조미료가 아니라 발효와 함께 성질이 조절되는 요소로 활용해 왔으며, 이러한 점에서 '코리안 패러독스'는 한국 식문화의 중요한 특징을 설명하는 개념이라 할 수 있다.

이 분야는 전통 식문화·발효 과학·영양학을 설명하는 중요한 연구 주제로, 앞으로도 지속적인 연구가 필요하다.

요약하면,

- 얼마나 먹느냐보다는 어떤 소금을 어떻게 먹느냐가 중요하다.
- 소금의 형태와 섭취 환경(발효식품과 함께 먹는가, 가공식품에서 섭취하는가 등)이 건강에 절대적 영향을 준다.
- 서구 기준의 '소금 줄이기'보다는 우리 식문화에서의 소금 선택과 섭취 방식을 고려한 접근이 반드시 필요하다.

소금은 줄이는 것이 아니라
바르게 선택하는 것이 중요하다.
어떤 소금을, 어떤 음식과 함께,
내 몸 상태에 맞게 섭취하느냐가
건강의 차이를 만든다.

죽염과 건강

2

전통에서 시작하여 과학으로 확인된 죽염

1. 죽염의 역사

우리 선조들은 천일염을 죽통에 넣고 고온에서 구워 건강 소금을 만들어 먹는 지혜가 있었다.

죽염은 약 1,300년 전부터 사찰에서 전통 소금으로 제조되었고, 전라북도 변산의 개암사 등에서 불가의 비법으로 전해져 병 치료에 민간요법으로 사용되었다고 전해진다. 미네랄이 풍부한 천일염을 대나무통에 넣고 황토로 밀봉하여 소나무와 송진

을 연료로 하여 높은 온도에서 구워 몸에 좋은 소금을 만들었
다.

현재의 죽염은 1987년 인산가에 의해 산업화되었다. 한의학
자인 인산 김일훈 선생은 그러한 전통을 기반으로 혜안을 발
휘하여 죽염을 여러 질병에 약처럼 사용하도록 과학적으로 제
조하였다. 1,000℃ 이상의 높은 온도에서 여러 번 구워서 해로
운 성분은 제거하고, 천일염의 핵비소와 대나무·황토의 유황
성분 등의 활성 성분이 여러 질병을 예방하고 치료하는 데 도
움이 되도록 하였다. 그러므로 죽염은 한국인의 전통에 기반
한 지혜로 만들어진 약소금이라 할 수 있다.

인산 선생은 이 죽염을 '신약(神藥)'이라 이름하였는데, 난
치병 질환과 환자들을 치료하는 데 유용했다. 그의 저서 『우주
와 신약』[5], 『구제신방』[6], 『신약』[7] 등에 죽염 제조 방법과 원리
가 자세히 설명되어 있다. 그리고 강의 내용과 인산의약의 이
론 등은 『신약본초』 전편[8]과 후편[9]에 여러 처방전과 함께 수
록되어 있다. 당시에는 죽염에 대한 과학적 연구가 부족하여
과학적인 논문은 거의 나오지 않았지만 치료가 된 사람들에
의해 그 효능이 상세히 소개되어 있다.

죽염으로 어려운 질병을 치료한 사례는 『죽염요법』[10]이라는
책을 참고할 수 있다. 암이나 염증, 비만 등의 불편함이 개선되
는 효과를 본 많은 사례가 수록되어 있다.

2. 죽염 만드는 법

죽염은 서해안의 천일염, 3년 이상 자란 왕대나무의 죽력, 황
토의 유황, 소나무 – 송진, 이 네 가지 재료를 쇠로 만든 가마에
서 구워 만든다. 소금에 들어 있는 바닷물 속의 핵비소, 대나무
와 황토의 유황 성분이 죽염에서 합성된다.

　3년 동안 간수를 뺀 천일염을 대나무통 속에 넣고 황토로 봉
한 뒤, 소나무를 연료로 사용하여 800~1,700℃ 이상의 높은
온도에서 여러 번 굽는데, 마지막에 송진을 첨가한 뒤 용융 과
정을 통해 만들어진다. 이 굽기 과정이 반복되면서 소금의 구
조와 미네랄 조성과 pH가 변화되고, 자연스럽게 독특한 향과
맛 그리고 성질이 생긴다.

　죽염은 굽는 횟수에 따라 1회, 3회, 5회, 9회죽염, 자죽염 등
으로 구분된다. 특히 9회죽염은 더 높은 온도(1,500~1,700℃)
에서 소금이 부분적으로 녹아 다시 합쳐지는 용융 과정을 거
치며, 회색 또는 자주색을 띠는 형태로 변한다(그림4).

　이처럼 굽는 과정의 강도와 횟수의 차이가 죽염을 일반 소
금과 구별하는 핵심 요소이다. 즉 죽염이 어떤 소금인가 하는
본질은 '어떤 소금을 어떻게, 어디에, 무엇을 넣고 구웠는가'에
따라 달라진다. 같은 죽염이라도 1회죽염과 9회죽염(九蒸九
曝, 구증구포)은 맛 · 향 · 질감 · 성분 · 건강기능성 · 사용감에
서 확연히 차이가 난다.

한 면이 막힌 왕대나무통에
천일염을 다져 넣고
황토 반죽으로 밀봉한다.

소나무 장작으로 불을 때어
소금 대나무통을 굽는다.
대나무통이 재가 되고
소금 기둥만 남으면 빻아서
다시 대나무통에 넣고 굽는 과정을
1회 또는 8회 반복한다.

9회째에 특수 제작한 쇠가마에
8회소금을 넣고 송진을 첨가하여
융용한다.
1,500℃의 고온에서 죽염이
물처럼 흘러나온다.

융용된 죽염이 식어 굳으면
자색을 띠는 9회죽염이 된다.
빻아서 이용한다.

<그림4> 죽염의 제조 과정 자료 제공 : 코리아 솔트, 인산가

아래의 〈그림5〉는 정제염과 천일염 그리고 죽염 1회 · 3회 · 9회의 전자현미경 사진(60배 확대)이다.

정제염은 일정한 400μm의 지름을 가진 결정형 구조이다.

천일염은 평균 600μm의 지름을 가진 불규칙한 결정형 구조이며, 정제염의 3배 크기이다.

1회죽염은 15μm의 지름을 갖고, 입자의 크기는 구운 횟수가 증가할수록 작아진다.

9회죽염은 미세하면서 입자의 지름은 5μm이고 미네랄 원소의 수는 구워질수록 증가되었다. 그러나 죽염은 구운 횟수가 증가할수록 입자의 크기는 감소하고, 미네랄 간의 복합체가

<그림5> 전자현미경으로 본 5가지 소금의 모양[11]

만들어졌다.

다양한 연구에 따르면, 이러한 제조 방식의 차이는 몸에서 소금을 받아들이는 방식에도 영향을 줄 수 있다는 가능성을 보여 준다. 즉 죽염은 단순히 맛이 다른 소금이 아니라 제조 방식이 건강 체감에 실질적인 차이를 만들 수 있는 소금이라고 이해할 수 있다.

3. 죽염의 특성과 유익성

1) 죽염은 미네랄이 풍부한 소금

죽염은 일반 소금과 비교했을 때 몸에 필요한 미네랄이 다양하게 포함되어 있다. 연구에 의하면, 죽염에는 인체 구성과 생리 기능에 관여하는 미량 미네랄이 존재하며, 신경 신호 전달, 뼈 건강, 체액 균형, 피로 회복, 면역 기능 조절 등에 관여하여 몸의 균형을 유지하는 데 중요한 역할을 한다.

천일염을 대나무와 황토 속에서 고온으로 굽는 과정은 소금의 성질을 변화시키며, 이 과정에서 불필요한 성분은 감소하고, 유익한 미네랄은 안정적인 형태로 남는 방향으로 작용하는 것으로 보고되어 있다.[12]

〈표1〉은 시료 소금에 있는 주요 미네랄인 나트륨(Na), 칼슘

<표1> ICP-OES로 측정한 여러 소금의 주요 미네랄 함량(단위: %(w/w))

미네랄	정제염	천일염	1회 죽염	9회 죽염
Na	38.66	34.24	38.32	38.92
Ca	0.03	0.11	0.28	0.22
Mg	0.00	1.06	1.01	0.70
Fe	ND[1]	ND	ND	0.02
Mn	ND	0.00	0.00	0.00
P	0.00	0.00	0.00	0.08
S	0.02	0.55	0.70	0.54
K	0.13	0.42	0.41	0.85
Total	38.84	36.38	40.71	41.32 (60종)

[1]ND, not detected (측정되지 않았음) Zhao 등[11]

(Ca), 마그네슘(Mg), 철(Fe), 망간(Mn), 인(P), 황(S), 칼륨(K)을 ICP-OES(유도 결합 플라즈마 광방출 분광법)를 사용해서 측정했다. Na 양은 정제염은 99.54%였는데, 천일염과 죽염은 94.1~94.2%였다.[11] 죽염은 정제염과 천일염보다 Ca, Mg, Fe, Mn, P, S, K의 양이 많았다. 죽염은 구운 횟수가 증가할수록 OH기(수산기, hydroxyl group)와 미네랄이 많아 항산화 효과가 높아졌다.

특히 9회죽염의 표면은 $NaCl-KCl-MgCl_2-S$ 등의 복합체로 되어 있었고, 미네랄의 숫자가 증가되었다.

<표2>에서 보듯이 9회죽염은 인체에 필요한 60여 종류의 미

<표2> 인체와 죽염에 들어 있는 미네랄의 종류와 양

	Human Body (Average 70 kg adult)[1] (인체)			Jukyeom (죽염)	
Element	Fraction of mass	Mass (kg)	Atomic percent	MS Screen analysis[2]	Individual analysis[3]
O (Oxygen)	0.65	43	24	-	-
C (Carbon)	0.18	16	12	-	-
H (Hydrogen)	0.10	7	62	-	-
N (Nitrogen)	0.03	1.8	1.1	-	-
Ca (Calcium)	0.014	1.0	0.22	1201ppm	1610ppm
P (Phosphorus)	0.011	0.78	0.22	114ppm	126ppm
K (Potassium)	2.5×10^{-3}	0.14	0.033	6978ppm	7610ppm
S (Sulphur)	2.5×10^{-3}	0.14	0.038	-	3980ppm
Na (Sodium)	1.5×10^{-3}	0.10	0.037	Major	38.4%
Cl (Chlorine)	1.5×10^{-3}	0.095	0.024	-	56.96%
Mg (Magnesium)	500×10^{-6}	0.019	0.0070	149ppm	163ppm
Fe (Iron)	60×10^{-6}	0.0042	0.00067	<10ppm	25.9ppm
F (Fluorine)	37×10^{-6}	0.0026	0.0012	-	<17ppm
Zn (Zinc)	32×10^{-6}	0.0023	0.00031	<10ppm	3.37ppm
Si (Silicon)	20×10^{-6}	0.0010	0.0058	-	<45.8ppm
Rb (Rubidium)	4.6×10^{-6}	0.00068	0.000033	5ppm	6.15ppm
Sr (Strontium)	4.6×10^{-6}	0.00032	0.000033	57ppm	68.3ppm
Br (Bromine)	2.9×10^{-6}	0.00026	0.000030	-	<8ppm
Pb (Lead)	1.7×10^{-6}	0.00012	0.0000045	<1ppm	<0.385ppm
Cu (Copper)	1×10^{-6}	0.000072	0.0000104	4ppm	2.31ppm
Al (Aluminium)	870×10^{-9}	0.000060	0.000015	<10ppm	<14.3ppm
Cd (Cadmium)	720×10^{-9}	0.000050	0.0000045	<1ppm	<0.385ppm
Ce (Cerium)	570×10^{-9}	0.000040	-	<1ppm	<0.385ppm
Ba (Barium)	310×10^{-9}	0.000022	0.0000012	5ppm	6.21ppm
Sn (Tin)	240×10^{-9}	0.000020	6.0e-7	<1ppm	<1.22ppm
I (Iodine)	160×10^{-9}	0.000020	7.5e-7	-	66ppm
Ti (Titanium)	130×10^{-9}	0.000020	-	<1ppm	<2.50ppm
B (Boron)	690×10^{-9}	0.000018	0.0000030	11ppm	17.7ppm
Se (Selenium)	190×10^{-9}	0.000015	4e-8	<10ppm	<2.84ppm
Ni (Nickel)	140×10^{-9}	0.000015	0.0000015	1ppm	0.980ppm
Cr (Chromium)	24×10^{-9}	0.000014	8.9e-8	<1ppm	<0.473ppm
Mn (Manganese)	170×10^{-9}	0.000012	0.0000015	13ppm	13.3ppm
As (Arsenic)	260×10^{-9}	0.000007	8.9e-8	<1ppm	<1.93ppm
Li (Lithium)	31×10^{-9}	0.000007	0.0000015	1ppm	<14.3ppm
Hg (Mercury)	190×10^{-9}	0.000006	8.9e-8	-	<0.712ppm
Cs (Cesium)	21×10^{-9}	0.000006	1.0e-7	<1ppm	<0.961ppm
Mo (Molybdenum)	130×10^{-9}	0.000005	4.5e-8	2ppm	1.82ppm
Ge (Germanium)	-	5×10^{-16}	-	<1ppm	<0.972ppm
Co (Cobalt)	21×10^{-9}	0.000003	3.0e-7	<1ppm	<0.385ppm
Sb (Antimony)	110×10^{-9}	0.000002	-	<1ppm	<0.389ppm
Ag (Silver)	10×10^{-9}	0.000002	-	<1ppm	<0.389ppm
Nb (Niobium)	1600×10^{-9}	0.0000015	-	<1ppm	<0.972ppm
Zr (Zirconium)	6000×10^{-9}	0.000001	3.0e-7	<1ppm	<0.389ppm
La (Lanthanum)	1370×10^{-9}	8e-7	-	<1ppm	<0.385ppm
Te (Tellurium)	120×10^{-9}	7e-7	-	<1ppm	<0.389ppm
Ga (Gallium)	-	7e-7	-	<1ppm	<9.87ppm
Y (Yttrium)	-	6e-7	-	<1ppm	<0.385ppm
Bi (Bismuth)	-	5e-7	-	<1ppm	<0.961ppm
Tl (Thallium)	-	5e-7	-	<1ppm	<0.961ppm
In (Indium)	-	4e-7	-	<1ppm	<0.385ppm
Au (Gold)	140×10^{-9}	2e-7	3.0e-7	<10ppm	<0.243ppm
Sc (Scandium)	-	2e-7	-	<1ppm	<0.385ppm
Ta (Tantalum)	-	2e-7	-	<1ppm	<0.243ppm
V (Vanadium)	260×10^{-9}	1.1e-7	1.2e-8	<1ppm	<9.45ppm
Th (Thorium)	-	1e-7	-	<1ppm	<0.385ppm
U (Uranium)	13×10^{-9}	1e-7	3.0e-9	<1ppm	<0.385ppm
Sm (Samarium)	-	5.0e-8	-	<1ppm	<0.385ppm
W (Tungsten)	-	2.0e-8	-	<1ppm	<0.389ppm
Be (Beryllium)	50×10^{-12}	3.6e-8	4.5e-8	<1ppm	14.3ppm
Ra (Radium)	1×10^{-19}	3e-14	1e-17%	-	-

[1] Composition of the human body - Elemental composition list - Wikipedia

[2] LI's Laboratory Report No.82972 (2015. 09.01)

[3] LI's Laboratory Report No.83233 (2015. 09.11)

Lee 등 [12]

죽염은 굽는 횟수와 온도에 따라 성분 비율과 맛, 치감이 달라진다. ⓒ인산가

네랄을 함유하여 인체와 거의 같은 미네랄 조성으로 되어 있어 미량 미네랄을 포함한 미네랄 공급원으로 매우 중요하다.[12] 어떤 영양소와 식품보다도 우수한 미네랄 건강기능식품이 될 수 있다. 죽염이 갖는 미네랄들은 미네랄이 부족한 난치성 질환의 예방과 치료에 도움을 줄 수 있다. 표에서 보는 바와 같이 죽염은 면역 증강과 항암 효과 등이 있는 셀레늄(Se)과 게르마늄(Ge)의 좋은 공급원이 된다.

굽는 횟수에 따른 변화

죽염은 굽는 횟수와 온도에 따라 성분 비율과 맛, 체감이 달라질 수 있다.

1회죽염은 칼슘(Ca) · 황(S) · 마그네슘(Mg) 성분이 상대적으로 많고, 9회죽염은 칼륨(K) · 철(Fe) · 인(P) 등의 함량이 증가하고, 다른 미량 미네랄 종류가 늘어나 좋은 미네랄 공급원이 된다(표1). (이하 9회죽염은 '자죽염'과 동일한 의미로 표현함.) 즉 죽염은 '어떻게 굽느냐에 따라 성질이 달라지는 소금'이라고 이해할 수 있다.

정제염과의 차이를 보면, 정제염은 '하나짜리 소금'이고, 죽염은 '여러 미네랄이 함께 있는 소금'이다. 굽는 과정에서 소금의 성질이 바뀌며, 몸에서 더 부드럽게 느껴질 수 있다.

죽염의 미네랄 성분은 식품에서 고갈되는 미네랄을 보충하여 몸의 균형 유지, 피로 감소, 전해질 유지 등의 기본 기능을 돕는다.

2) 굽는 과정에서 생기는 죽염의 건강 성분, H_2S

죽염을 만드는 과정에서 소금이 높은 온도에 여러 번 구워지면, 자연스럽게 특유의 향을 내는 황화수소(H_2S) 성분이 발생한다.

죽염이 고온에서 굽는 동안 만들어지는 메탈설파이드는 죽염의 중요한 약리 작용을 한다.

대나무가 타는 동안 탄소가 발생하면서 촉매 작용을 하여 황화철(FeS), 황화마그네슘(MgS), 황화칼륨(K_2S), 황화나트륨(Na_2S), 황화칼슘(CaS) 등의 유황화합물이 만들어진다. 황화마그네슘이 물(H_2O)와 결합하면 수산화마그네슘[$Mg(OH)_2$]과 황화수소(H_2S)가 생성된다. 황화나트륨은 물과 반응해서 수산화나트륨($NaOH$)와 황화수소가 생성된다. 유황(S^{2-})은 환원된 상태로 강력한 환원 물질이며 항산화 효과를 높인다.

이 성분은 삶은 달걀노른자 냄새와 유사한 향을 가지고 있지만, 연구에서는 항산화 효과가 면역 기능을 조절하고 알레르기 반응을 완화하는 데 도움을 주는 것으로 밝혀졌다.

또한 일부 연구에서는 혈관 건강, 염증 반응 조절, 기억 기능과 관련된 뇌 건강 영역에서도 긍정적 효과를 보였다는 결과가 있다.

자죽염의 검은 불용성 성분

죽염을 굽는 과정에서 생기는 미네랄 성분은 면역을 높이고 염증 제거에 좋은 영향을 준다. 즉 죽염의 가열 과정에서 나타나는 변화는 맛뿐 아니라 몸의 균형 조절과 건강 작용과 연결된다.

죽염을 물에 녹이면 검은 이물질이 침전된다. 이는 숯가루가 아니라 황화철(FeS) · 황화구리(Cu_2S) 등의 메탈설파이드 성분으로, 천일염의 미네랄이 죽염 제조 과정에서 불용화되어 만들어진 물질로 볼 수 있다. 이들은 식초나 구연산에 녹는다. 연구를 보면, 이들 성분은 초산 용액(10%)에 녹았지만 숯가루는 녹지 않았다. 사람의 위는 산성 환경(pH 1-3)이이므로 이 물질들은 위에서 녹아 안전하고 항산화 효과를 보인다. 또한 자죽염의 MgS는 붉은색이지만 물에 녹으면 붉은색이 없어진다.

3) 알칼리성이 높은 죽염의 균형 유지 효과

죽염은 일반 소금에 비해 알칼리성이 더 강한 소금이다.

우리 몸의 혈액은 약한 알칼리성(pH 7.4)을 유지할 때 균형이 맞는데, 나이가 들수록 체내 환경은 산성으로 기울기 쉬우므로 알칼리성 식품을 섭취할 필요가 있다.

정제염은 약한 산성(pH 6.3), 천일염은 약한 알칼리성을 띠

 pH of purified salt, solar salt and bamboo salt in aqueous solution (10%) (정제염, 천일염, 죽염의 pH)

Sample	pH
Purified salt	(정제염) 6.29 ± 0.02^c
Solar salt	(천일염) 9.13 ± 0.01^b
Bamboo salt	(죽염) 11.04 ± 0.01^a

조 등 [13]

1) Values are mean ± SD of revertants/plate
2) The values in parentheses are the inhibition rates (%).
a-c, A-E Mean values with different letters in the same column are significantly different ($p < 0.05$) according to Duncan's multiple range test.

지만(pH 9.1), 죽염은 pH 11.0으로서 반복적인 가열 과정으로 알칼리성이 더욱 높아진다(표3). 알칼리성이 높다는 것은 항산화 작용(OH기의 증가)이 강화된다는 뜻으로, 세포 손상을 줄이고 노화 속도를 완화하는 환경을 만드는 데 도움을 줄 수 있다. 따라서 죽염은 체내 균형 유지, 항산화, 항노화 작용 면에서 좋은 역할을 할 수 있는 소금이다.[13]

**죽염은 알칼리성과 항산화 성질이 강하여
체내 균형 유지와 노화 완화에 도움을 준다.**

4) 죽염의 항산화 작용으로 세포 보호

죽염은 일반 소금보다 항산화 작용이 더 높게 나타나는 소금이다. 항산화 작용은 몸속에서 세포를 손상시키는 유해산소(활성산소)를 줄여 주는 역할을 하는데, 이는 세포 보호와 노화 속도 조절에 직접적으로 관련된다.

연구에 따르면, 정제염은 항산화 효과가 거의 없지만, 죽염은 다른 소금보다 약 3배 높은 항산화 활성을 보인다. 〈그림6〉은 소금의 수산화물(OH) 함량을 FT-IR(적외선 분광기)기계를 이용하여 비교한 결과치이다.

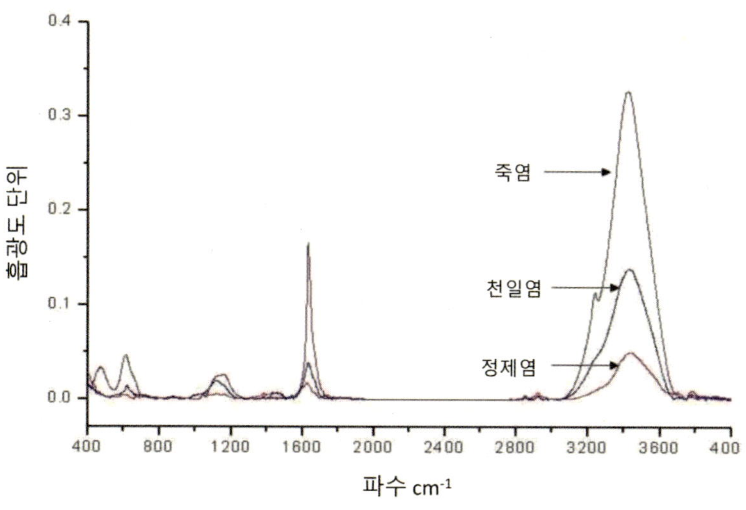

<그림6> 정제염, 천일염 및 죽염의 FT-IR 분석(조 등) [13]

FT-IR 파고의 높이는 수분이 충분한 상태에서 OH 함량을 표시한다. 파수 3429cm^{-1}에서 정제염과 천일염의 파고는 각각 0.05, 0.138을 나타냈고, 죽염은 0.323을 나타내어 죽염이 수산화물을 많이 함유하고 있었다. 식품에서 OH기(수산기)가 많이 함유되어 있는 페놀화합물(폴리페놀)은 강력한 항산화 작용을 한다.

또한 죽염을 죽통에서 여러 번 굽고 용융하는 과정에서 소금 안의 미네랄과 구조가 변화(항산화 효과 증가)하면서, 염증을 완화하고 세포 보호에 도움이 될 수 있는 특성이 강화된다. 따라서 죽염은 세포 손상과 노화를 줄이는 데 도움이 될 수 있는 항산화 특성을 가진 소금이 된다.

> 죽염은 유해산소를 줄여
> 세포를 보호하는 항산화 작용이
> 강한 소금이다.

5) 미토콘드리아 기능을 돕는 죽염

미토콘드리아(Mitochondria)는 우리 몸의 세포 안에서 에너지

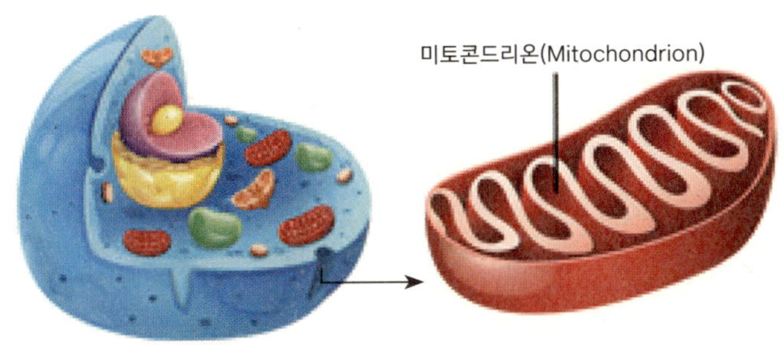

<그림7> 동불세포와 미토콘드리아

(ATP)를 만들어 내는 핵심 기관이다. 사람이 움직이고, 생각하고, 회복하는 데 필요한 에너지는 대부분(90% 이상) 미토콘드리아에서 만들어지며, 이 기능이 떨어지면 쉽게 피로해지고 노화와 만성질환의 위험이 커진다.

에너지를 만드는 과정에서는 필연적으로 활성산소가 발생한다. 항산화 능력이 부족하거나 미토콘드리아가 손상되면 활성산소가 과도하게 쌓여 산화 스트레스가 증가하고, 이는 염증과 노화를 촉진하며 각종 질환으로 이어질 수 있다(그림 7).

죽염이 갖는 여러 가지 질병 및 염증 등을 억제할 수 있는 효과는 죽염의 강력한 항산화 효과가 각 세포의 미토콘드리아

기능에 연관이 되어 있을 것으로 보인다. 일반 소금에 비해 죽염을 섭취하면 미토콘드리아의 ATP 생성 능력이 안정하게 유지되고, 산화 스트레스 관련 물질은 낮아지는 것으로 보인다. 이는 죽염에 포함된 다양한 미네랄과 항산화 특성이 미토콘드리아 환경을 보호하고, 에너지 생산 효율을 높이는 데 도움이 될 수 있음을 시사한다.

또한 미토콘드리아는 손상된 세포를 제거하는 세포 자정 작용(자가 포식, 세포 자멸사) 등에도 관여한다. 죽염은 이 과정이 원활하게 이루어지도록 도와 세포 건강 유지와 질병 예방에 좋은 역할을 하는 데 도움을 줄 수 있다.

따라서 죽염은 미토콘드리아의 에너지 생성과 항산화 균형을 함께 돕는 소금으로, 피로 개선, 노화 완화, 만성질환 예방에 도움이 되는 기능적 특성을 가진 소금이라 할 수 있다.

다른 방법으로 미토콘드리아의 활성을 높이려면 운동, 따뜻한 체온 유지, 충분한 수면, 소식, 비타민과 항산화 음식 섭취, 스트레스 관리 등이 필요하다.

> 죽염은 세포의 에너지 공장인
> 미토콘드리아를 보호하고 활성화하는 데
> 도움을 줄 수 있다.

6) 죽염 섭취, 어느 정도가 안전할까?

연구 결과에 따르면, 일반적인 식사에서 사용하는 보통의 양 수준에서는 죽염 섭취가 비교적 안전한 것으로 보고되어 있다.

일부 연구에서는 성인을 기준으로 하루 소금 섭취량에 약 10~15g 정도의 죽염을 더해도 큰 문제가 없었다고 보고되었다.[14] 또 다른 연구에서는 하루 약 35~40g 범위까지 사용하더라도 안전한 수준으로 관찰되었다.

미국 하버드대학교 암연구소의 연구에 의하면 죽염(인산죽염)은 독성 또는 손상 작용이 없으며, 75kg의 성인 건강인의 경우 1회 섭취량 10.5g(140mg/kg)까지 독성이 관찰되지 않았다.[15]

죽염은 또한 STT 500(Standard Tolerance Test, 1회 투여량을 체중의 1/500을 기준으로 하는 표준 허용치) 기준을 통과하였는데, 이는 75kg의 성인이 1회 150g의 범위 안에서는 독성, 손상 작용이 없다는 것을 의미한다. 보고서에서는 죽염은 과다 복용 시에도 위와 장의 점막을 손상시키지 않는 포용력이 높은 소금이라고 보고했다.

다만 이러한 결과는 일반적으로 건강한 성인을 기준으로 한 것이다. 사람마다 체질, 소화 능력, 혈압, 신장 기능 등이 다르므로 모두에게 똑같은 양이 적절하다고 할 수는 없다. 따라서

9회죽염은 회죽염과 자죽염이 있다. ©인산가

죽염 역시 개개인의 몸 상태에 맞추어 적절히 조절하는 것이
중요하다.

**일상적인 사용 범위에서는
죽염은 비교적 안전하지만,
체질에 맞추어 균형 있게 섭취하는 것이
중요하다.**

피부 탄력과 노화 완화에 도움이 되는 죽염

3

9회죽염은 피부 노화 억제에 도움이 된다

1. 피부의 역할

피부는 신체의 표면을 덮고 있는 방어막으로, 외부의 자극에서 신체의 내부 조직을 지켜 준다.

온도와 촉감을 느낄 수 있고, 땀을 분비하거나 체내의 열을 발산하여 체온을 조절하며, 피지를 분비하여 건조를 막는다.

햇빛을 받아 비타민 D를 합성하여 우리 몸의 전반적인 건강을 조절하는 역할을 한다.

우리는 피부색이나 피부 상태에 따라 체내의 변화를 어느 정도 알 수 있다.

사람의 표피는 약 1개월에 걸쳐 새롭게 생겨나고, 교체되어 촉촉함과 건강함이 유지된다. 표피의 중요한 역할은 수분 유지 기능이며, 이것은 각질세포 속에 함유되어 있는 천연 보습 인자(natural moisture factor, NMF)의 기능에 의한 것으로, 촉촉한 피부는 각질층이 15~20%의 수분을 가지고 있다. 이러한 수분 유지 기능이 저하되면 표면에서 수분이 증발되어 피부가 거칠어지고 잔주름이 늘어나며, 아무리 수분을 공급해 주어도 피부는 점점 건조해지게 된다.

진피는 표피 아래에 있으며, 피부의 탄력성을 유지해 준다. 탄력 있는 피부는 진피에 함유된 콜라겐과 엘라스틴이 정상적인 기능을 할 때 이루어진다. 그러나 자외선 등에 의해 콜라겐이나 엘라스틴이 손상되면 피부의 노화가 급격히 진행된다. 표피에는 혈관이 없지만 진피에는 혈관이 있어 세포에 영양 공급을 하여 피부의 건강을 유지해 주며 신경도 연결되어 있다.

2. 피부 탄력과 노화 완화에 도움을 주는 죽염

자외선 · 화장품 · 공해 · 먼지 · 수분 부족(건조) · 담배 · 스트레스 · 영양 결핍 등이 피부 노화의 원인이지만, 죽염, 특히 9회죽염은 피부 노화(주름 · 탄력 · 염증) 억제에 도움이 된다고 연구에서 확인되었다.

연구에서는 자외선으로 피부 노화를 유도한 동물 모델에 정제염, 천일염, 목욕용 천일염, 마사다 천일염, 1회죽염, 9회죽염을 각각 이용하여 피부에서 항산화 · 항노화 · 항염증 효과 등을 연구했다. 그 결과 9회죽염이 피부를 가장 효과적으로 보호하는 것으로 나타났다.[16]

자외선은 피부 조직을 두껍게 만들고, 콜라겐과 탄력 섬유를 손상시켜 주름 · 건조 · 탄력 저하를 유발한다. 그러나 9회죽염을 사용한 그룹은 피부층이 정상에 더 가까운 형태로 유지되었으며, 피부 탄력을 유지하는 콜라겐과 엘라스틴의 양이 더 많이 유지되는 것으로 관찰되었다.

또한 9회죽염 처리군에서는

● 피부 염증을 일으키는 세포가 감소하고,

● 피부 보호 항산화 효소(SOD Super Oxide Dismutase, CAT Catalase)가 증가하였으며

● 피부 손상을 촉진하는 MMP(Matrix Metallo Proteinase) 단백질이 감소하고

● 손상을 억제하고 회복을 돕는 TIMP(Tissue Inhibitor of Metal-loproteinases) 단백질은 증가한 것으로 나타났다.

이는 9회죽염이 피부 구조와 탄력을 보존하고, 노화 진행을 억제하는 작용을 할 가능성이 있다는 점을 시사한다.

죽염, 특히 9회죽염은 자외선으로 인한 피부 노화(주름·건조·탄력 저하)를 억제하고 피부를 보호할 수 있는 가능성을 가진 소금이라고 할 수 있다.

> **죽염은 피부의 탄력을 유지하고,
> 자외선으로 인한 노화 과정을 늦추는 데
> 도움이 될 수 있다.**

죽염의 항산화 효과 [17]

다른 연구에서 9회죽염은 세포에서 발생하는 활성산소(ROS, Reactive Oxygen Species)를 억제하는 효과가 확인되었다. 일반 소금 대비 약 2~3배, 비타민 E 대비 약 23~45% 더 높은 항산화 활성을 보인다. 또 죽염은 항산화 효소 SOD의 활성을 크게 증가시켜 세포 손상과 노화 진행을 줄이는 데 도움을 줄 수 있다. 즉 죽염은 활성산소 제거 능력이 뛰어난 항산화 소금으로 연구되었다.

혈압과 죽염

죽염은 일반 소금과 달리 혈압을 거의 올리지 않는다

1. 혈압이란?

심장은 혈액을 전신으로 보내는 역할을 하고, 혈관은 심장박동에 의하여 혈액을 인체의 각 부분으로 운반하고, 다시 심장으로 되돌아오게 하는 역할을 하는 통로이다. 이때 혈액이 혈관벽에 걸리는 압력을 '혈압'이라고 하며, 최고혈압과 최저혈압으로 나눈다.

최고혈압은 심장이 수축할 때의 혈압으로 '수축기 혈압(systolic blood pressure)'이라고도 한다.

최저혈압은 심장 이완 시의 혈압으로 '확장기 혈압(diastolic blood pressure)'이라고도 한다.

'고혈압증'은 혈압이 높아지는 병을 총칭하는 것으로, 나이가 많아짐에 따라 자연적으로 증가하고, 55세 이상의 많은 사람이 고혈압 타입 1(수축기 혈압 140mmHg 이상 또는 이완기 혈압 90mmHg 이상)이다. 고혈압은 모든 성인병의 원인이 되는 만성 퇴행성 질환으로 관리가 제대로 되지 않는 질병 중의 하나이다. 특별한 증상이 없이 '침묵의 실인자'라고도 불린다.

가벼운 고혈압은 대부분 아무 증상이 없지만, 이것이 지속되어 합병증이 발생하게 되면 그 증상이 여러 가지로 나타나게 된다. 고혈압의 합병증은 '혈관 손상(vascular damage)'이라고 생각할 수 있는데 협심증 · 심근경색증 · 울혈성 심부전 등의 심장혈관 질환이 합병증으로 생길 수 있고, 뇌혈관과 관련 중풍 발생, 신장과 관련하여 단백뇨 및 신부전 등이 일어날 수 있다.

생활습관과 식이를 조절하여 혈압을 어느 정도 관리할 수 있으며, 칼륨 · 칼슘 · 마그네슘 등의 미네랄 성분은 혈압을 낮추는 데 도움이 된다고 알려져 있다.

칼륨(K)

칼륨의 섭취는 혈압이 높아지는 것을 예방할 수 있다는 보고가 있는데, 특히 Na/K의 섭취비가 혈압을 낮추거나 유지시키는 데 중요하다고 한다. 채소·과일·견과류 등에 많은 K는 Na의 배출을 도와 혈압을 낮춘다.

칼슘(Ca)

칼슘과 고혈압의 발생간의 상관관계가 확실하게 밝혀지지는 않았지만, 칼슘의 섭취는 고혈압을 예방한다는 보고가 있다.

마그네슘(Mg)

마그네슘은 혈관의 평활근 수축의 저해제로 작용하므로 혈압을 조절할 수 있다고 한다.

2. 죽염은 왜 혈압에 부담을 덜 줄까?

연구에서는 정제염, 천일염, 3회죽염, 자죽염을 쥐에게 각각 투여하고 혈압 변화를 비교하였다.

일반적으로 소금 속 나트륨은 혈압을 높일 수 있는 성분이다. 그러나 죽염과 자죽염은 혈압을 거의 상승시키지 않는 결과가 확인되었다. [18]

〈그림8〉을 보면, 특히 자죽염은 실험군 중에서 혈압 상승이 가장 적었다. 정제염을 투여한 경우 혈압이 많이 증가하였고,

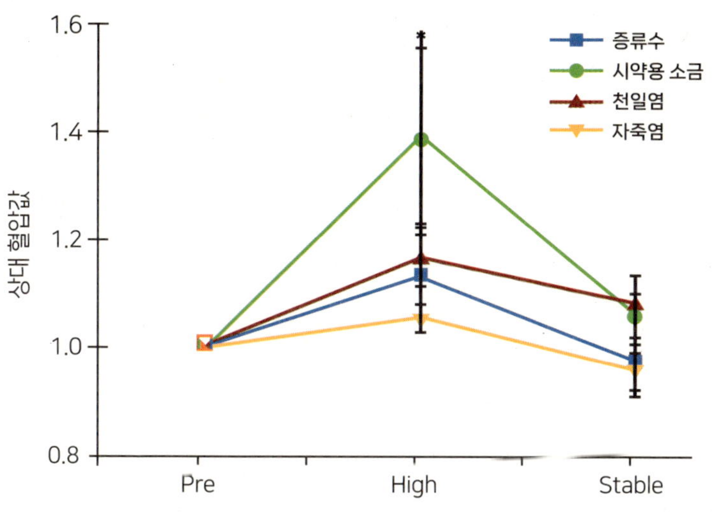

<그림8> 각 소금별 상대 혈압값 확인(김 등)[18]

천일염 역시 어느 정도 상승하였다. 반면 죽염과 자죽염은 실험 전(정상군)과 거의 비슷한 수준을 유지하였다.

이 차이 중 하나는 죽염이 신장에서 나트륨의 재흡수를 조절하는 단백질(NCC, Na^+-Cl^- Cotransporter)의 활성을 억제하기 때문이다.

NCC가 활성화되면 체내에 나트륨이 과도하게 축적되어 혈압이 상승하지만, 죽염과 자죽염은 이 과정을 조절하여 혈압 상승을 억제하는 작용을 한 것으로 해석된다. NCC는 신장의 원위세포관에서 Na 보유에 중요한 역할을 한다. NCC의 증가

죽염을 만들 때 소금을 다져 넣는 대나무통은 왕대나무를 쓴다.

는 나트륨 Na 보유의 증가를 유도하고, 이는 혈압을 높이는 데 중요한 역할을 한다.

이는 죽염이 같은 소금이라도 혈압에 미치는 영향이 다르다는 점을 보여 준다. 특히 나트륨 균형 조절 작용에 있어 혈압 관리가 필요한 사람들에게 더 적합할 가능성이 있다.

죽염이 혈압을 거의 올리지 않는 이유는 단순히 나트륨 함량 때문이 아니라, 혈관과 신장에서 일어나는 염증과 나트륨 조절 작용을 완화하기 때문이다.

3. 혈압을 낮추는 죽염의 효과

① 항염 효과

최근 연구에서는 혈관의 염증이 고혈압의 중요한 원인으로 알려져 있다. 죽염은 염증을 줄여 혈관의 긴장과 딱딱해짐을 완화하여 혈압 상승을 막는 데 도움을 준다.

② 미네랄 균형 작용

죽염에 들어 있는 칼륨(K), 칼슘(Ca), 마그네슘(Mg)은 혈압 조절에 중요한 역할을 한다. 특히 칼륨은 나트륨을 배출하고 혈관을 부드럽게 하여 혈압을 자연스럽게 낮추는 것으로 알려져 있다.

③ 나트륨 보유 억제(NCC 감소)

죽염은 신장에서 나트륨을 과도하게 저장하는 단백질(NCC, Natrium Chloride Cotransporter)의 작용을 감소시키며, 그 결과 몸에 쌓이는 나트륨이 줄어 혈압이 과하게 올라가지 않는다.

④ 수분 섭취 증가

죽염을 섭취한 동물은 자연스럽게 물을 더 많이 마시는 경향을 보였다. 이는 소변을 통해 여분의 나트륨을 씻어 내는 효과를 준다.

⑤ H_2S(황화수소)와 ACE(Angiotensin-Converting Enzyme) 억제 작용

죽염에서 발생하는 H_2S는 혈관을 이완시키는 성질이 있으며, 혈압약 계열인 ACE 억제제와 유사한 작용을 나타내어 혈압 조절에 긍정적으로 작용할 수 있다.

　종합하면, 죽염은 항염 · 항산화 작용, 미네랄 균형, 나트륨 배출 증가 등의 여러 효과를 통해 일반 소금과 달리 혈압을 높이지 않는 소금으로 볼 수 있다.

죽염은 몸속 나트륨을 조절하고 혈관 염증을 줄여
혈압을 덜 올리는 소금이다.

한국 발효식품과 고혈압

우리나라 된장·고추장·간장·김치 등 소금 발효식품에 대해서 '코리안 패러독스'라는 말이 있다.[4] 이들은 소금을 넣어 발효하는데도 고혈압을 거의 일으키지 않는다는 역설을 말한다. 소금 단독($NaCl$)로는 산화·비만·고혈압·암 등 여러 만성 질병을 일으킬 수 있지만, 소금이 된장 및 발효식품으로 발효되면 이런 질병이 대체적으로 억제된다는 것이다. 특히 소금을 죽염으로 사용하면 항산화 효과, 항암·항비만 효과, 고혈압 등을 예방하는 효과에 더 도움을 줄 수 있다.

좀 더 자세한 연구가 필요하지만 발효식품과 소금의 종류 그리고 고혈압 등 여러 건강 기능성 연구는 매우 흥미로운 연구라 하겠다.

암과 죽염

5

죽염은 암세포의 '증식 · 생존 · 전이'를 동시에 막는다

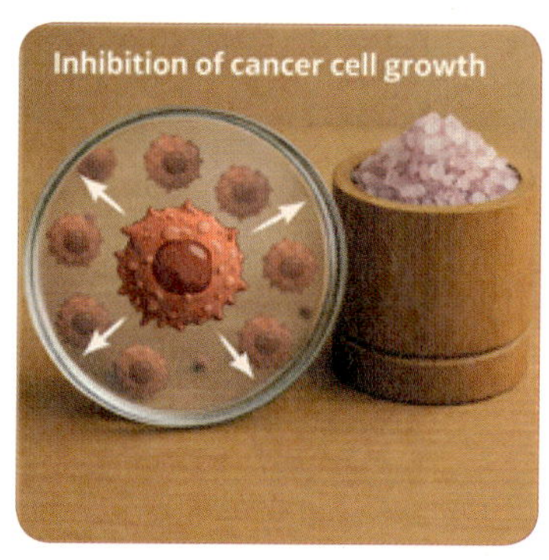

1. 암의 개념

'암'은 세포의 성장과 분열을 조절하는 정상적인 통제 기능이 소실되어 제멋대로 증식하는 세포의 집단을 총칭하는 것으로 cancer, neoplasia, tumor, carcinoma 등 여러 용어로 불리며, 인체의 기관과 조직 등에서 나타나는 비정상적인 또는 미분화된 세포를 말한다.

정상세포는 일정 수까지 증가하면 분열이 중단되지만, 암세

포는 통제 받지 않고 계속 분열하기 때문에 영양분의 대사과정도 매우 왕성하여 정상세포로 공급되어야 할 영양물질을 빼앗아 필요한 영양소를 고갈시키고 다른 조직으로 전이되어 결국 환자를 사망하게 한다.

암세포의 특성은 죽지 않으며, 이웃 세포와 대화하지 않으며, 분화되지 않고 미분화된 상태로 계속 자라면서 조절이 되지 않는 특성을 갖는다. 암세포의 전이는 어느 한 부위에서 생겨난 암세포 수가 점차 늘어나면서 조직 내와 주위로 옮겨가는 상태를 말하며, 이는 어느 한 부위에서 발생한 암세포 집단이 혈관이나 림프관을 통해 멀리 떨어져 있는 다른 장기에까지 암세포를 퍼뜨려 그곳에서 새로운 암을 발생시키는 것을 말한다. 이러한 전이된 암세포 때문에 암은 재발할 수 있으며, 근본적인 치료를 어렵게 한다.

암은 갑자기 발생하는 것이 아니라 10년 이상의 세월을 지나면서 발병된다. 조기 발견이 안 될 경우 치료가 어려워지므로 예방이 매우 중요하다.

암과 아폽토시스와 염증

세포 내의 미토콘드리아에서 일어나는 아폽토시스(Apoptosis, 암세포 자살)은 DNA 손상이나 산화 스트레스 등 세포 내부에서 발생한 손상 신호에 의해 유도된다. 여기에서는 Bcl-2 family 단백질이 작용하여 Bax와 Bak 같은 유전자(proapoptosis)는 증가하고, Bcl-2(antiapoptosis)가 감소되면 아폽토시스가 유도되고 미토콘드리아에서 사이토크롬 c가 방출된다. 이는 Apaf-1 및 Procaspase-9과 결합하여 Caspase-9이 활성화된다. 이는 다시 Caspase-3을 활성화하여 암세포를 자멸하게 한다.[19]

염증은 초기에는 세균 제거와 조직 재생에 도움이 되지만 반응이 과도하거나 만성화되면 조직 손상, 암 발생 등의 작용을 할 수 있다. 그래서 만성적인 염증은 암 발생에 연관되어 있다. TNF-α[*], IL-1β는 NF-κB와 COX-2, iNOS 등 염증성 유전자를 활성화하여 암 유발에 관여한다. 대장암 모델에서 TNF-α, NF-κB, COX-2, iNOS, IL-6은 대장암을 일으키는 원인이 될 수 있다.[20]

대장암

최근 우리나라에 서양에 많은 암인 대장암 발생이 크게 증가하였다. 대장암 발생의 원인 가운데 하나로 육류 및 동물성 지방의 과량 섭취가 있다.

지방의 과다 섭취는 간에서 지방 소화를 위한 담즙을 많이

---

[*]TNF-α : Tumor Necrosis Factor-α
IL-1β : Interleukin-1β
NF-κB : Nuclear Factor kappa B
COX-2 : Cyclooxygenase-2
iNOS : inducible Nitric Oxide Synthase

내게 하는데, 이 담즙은 대장에서 대장 내의 균들에 의해 2차 담즙산을 생성하며, 2차 담즙산은 DNA를 파괴하고, 발암촉진제 또는 대장 상피세포에 독소로 작용하여 암세포의 증식을 촉진한다.

육류를 많이 먹는 사람은 채식자보다 담즙산을 발암물질로 쉽게 전환하게 하며, 고지방 섭취는 산화 과정을 촉진하여 활성산소량을 증가시킨다.

고온에서 조리하여 탄 육류는 발암 물질인 헤테로사이클릭 아민의 발생을 증가시키는 등 암 발생의 문제를 일으킨다.

2. 죽염이 암세포를 억제하는 주요 작용

죽염은 암세포의 성장을 억제하고 암세포가 스스로 죽도록 유도하며 전이를 줄이는 효과가 연구에서 확인되었다.[21]

연구에 따르면, 9회죽염은 인체 대장암세포(HCT-116)의 성장을 약 54%를 억제했고, 3회죽염은 44%, 1회죽염은 41% 억제 효과를 보였다. 반면 정제염은 18%, 천일염은 22%로 억제 효과가 낮았다.[21]

죽염이 암세포를 억제하는 주요 작용은 다음과 같다.

암세포의 자살 유도

죽염은 암세포 자살(apoptosis)을 촉진하는 Bax, Caspase-9, Caspase-3 유전자의 발현을 증가시키고, 암세포가 생존하도록 돕는 Bcl-2 유전자는 감소시켰다.

체내 염증 억제 작용

죽염은 암과 관련이 깊은 염증 유전자 NF-κB, iNOS, COX-2를 감소시켜 암세포가 생존하고 증식하기 쉬운 환경을 억제하였다.[20]

암 전이(퍼짐) 억제

암세포 이동을 돕는 단백질 MMP(Matrix Metalloproteinase)는 감소시키고, 이를 억제하는 단백질 TIMP(Tissue Inhibitor of Metalloproteinases)는 증가시켜, 암세포가 다른 조직으로 퍼지는 것을 막는 효과가 있었다. 특히 9회죽염이 가장 강력하고, 3회, 1회 순으로 효과가 이어졌다.

죽염은 암세포의 성장과 전이를 억제하며,
암세포가 스스로 사멸하도록 유도하는
항암 작용을 가진 보였다.

3. 죽염은 암세포의 '증식·생존·전이'를 동시에 막았다

연구에서는 대장암이 생긴 생쥐에게 다양한 소금을 투여하며 암세포의 성장 억제 정도를 비교했다. 그 결과 죽염을 먹은 생쥐의 경우 대장의 길이가 짧아지는 것이 억제되고, 대장에서 암 세포 숫자가 감소했다. 조직 검사를 통해서도 암 발생이 억제되는 것이 확인되었다.

대장의 구조 변화 개선

암이 생기면 대장의 길이가 짧아지고 무게는 상대적으로 무거워지며 종양도 많이 생긴다. 하지만 9회죽염을 먹인 생쥐는 대장 길이와 무게 비율이 정상군과 거의 비슷하게 유지되었다.

<연구 요약> 9회죽염을 먹인 생쥐의 대장 길이 변화

실험군	대장 길이 변화	특징
정상군	약 6.2cm	정상 상태
대장암 + 정제염	약 5.0cm	가장 짧아짐
대장암 + 3회죽염	약 5.8cm	일부 개선
대장암 + 9회죽염	약 6.8cm	정상보다도 건강에 가까운 수치

종양의 개수 감소

대조군(대장암만 발생)에서는 종양이 평균 23개 발견되었다.

천일염군은 17개로 감소했다.

3회죽염을 먹인 군에서는 10개, 9회죽염을 먹인 군에서는 종양 수가 약 2개 수준으로 현저히 감소했다. 약 90%의 억제 효과가 있었다.[22]

<연구 요약> 9회죽염을 먹인 실험군의 종양 개수 감소

실험군	평균 종양 개수	억제율
대장암 대조군	23개	-
정제염	18개	낮음
천일염	17개	낮음
3회죽염	10개	보통
9회죽염	2개	약 90% 억제

유전자 수준에서 암 성장 억제

죽염은 단순히 '염분의 차이'가 아니라, 암세포가 스스로 죽도록 만드는 아폽토시스를 유도하는 방향으로 작용했다.

암세포 자멸 촉진 유전자(Bax)는 증가했고, 암세포 생존·확장 유전자(Bcl-2)와 염증 유전자(TNF-α, IL-1β, IL-6)는 감소시켰다. 즉 죽염은 암세포는 죽게 하고, 염증 환경은 줄여서 암이 자라지 못하게 만드는 메커니즘으로 작동하였다.

또한 9회죽염은 대장암으로 생긴 종양의 수를 약 90% 감소시켰다. 그래서 죽염은 암세포의 자멸을 유도하고 염증 유전자를 낮추어 암이 자라고 퍼지는 환경 자체를 억제하는 효과를 보였다.

> 9회죽염은 대장암의 생쥐를 이용한 연구에서
> 성장과 전이를 억제하였고,
> 종양 수를 약 90%까지 감소시키는
> 효과가 확인되었다.

4. 죽염의 흑색종 억제 효과

연구에 따르면, 죽염 특히 자죽염(PBS: Purple Bamboo Salts)은 흑색종 피부암 모델에서 종양의 성장과 확산을 억제하는 효과가 확인되었다.[23]

종양 크기 감소

흑색종세포를 주입한 실험용 쥐에게 죽염을 투여했을 때 종양의 무게가 유의적으로 감소했고, 생존율은 증가하였다.

죽염은 항암제와 유사한 억제 효과를 보였지만, 간독성이나 신경독성 같은 부작용은 나타나지 않았다.

<연구 요약> 종양 크기 감소

처리 조건	종양 크기 변화
암 유발 + 소금 없음	종양 크기 큼 (대조군)
암 유발 + 죽염(PBS)	종양 크기 감소
암 유발 + 항암제(Cisplatin)**	항암 효과 있으나 독성 존재

면역 기능 향상

죽염 섭취군에서는 암 억제와 관련된 면역 조절 인자들이 증가했다.

증가한 면역 물질은 IFN-γ, IL-2, IL-6, IL-12, TNF-α, IgE 등으로, 암세포를 공격하는 면역 활동을 돕는 방향으로 작용하였다.

암세포 '스스로 사멸' 유도

죽염은 암세포가 스스로 죽게 하는 자멸 프로그램(아폽토시스, Apoptosis)을 촉진했다.[19]

<연구 요약> 죽염의 암세포 사멸 효과

유전자	변화 방향	의미
Bax, p53	증가	암세포 사멸 유도
Bcl-2	감소	암세포 생존 억제
Caspase 활성화	증가	실제 세포 사멸 실행

마우스 실험에서 소금 종류에 따른 종양 전이 억제 효과를 보면, 피부암 실험에서 자죽염(PBS)은 종양 크기를 줄이고 생존율을 높였다.

즉 자죽염은 면역 기능을 강화하고, 암세포가 스스로 사멸하도록 유전자 작용을 촉진해 독성 없이 항암 효과를 나타낸 것으로 확인되었다.

5. 죽염의 암세포 전이 억제 효과

정제염과 천일염은 암세포 전이를 더 일으켰으나, 죽염(1회,

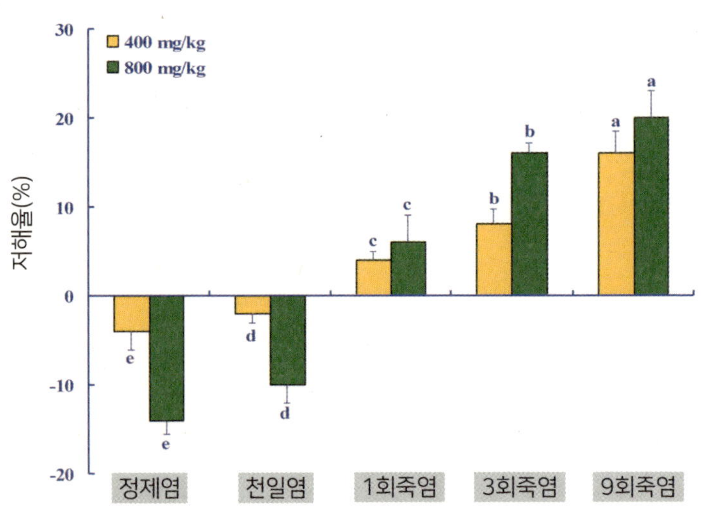

<그림9> 마우스에서 소금 종류에 따른 colon 26-M3.1 세포에 의한 종양 전이 억제 효과
a-e 각 농도(400, 800mg/kg)에서 소금 데이터 위의 다른 알파벳은 통계적 유의성(p<0.05)이 있음

3회, 9회)은 암세포의 전이를 생체(생쥐)에서 억제하였다.

　소금 농도를 2배 처리했을 때 정제염과 천일염은 전이를 더 많이 일으켰으나, 죽염은 양을 높이면 암세포의 전이가 더 많이 억제되었다(그림9).

구강 및 치아 건강과 죽염 6

죽염은 구강암 발생을 억제한다

1. 구강의 충치 발생 이유

구강에서 치아의 충치 발생은 식이 · 염증 반응 · 알코올 · 담배 등과 연관이 있다. 여기에 초콜릿 · 사탕 등의 당류 섭취가 더해지면 침의 알파-아밀레이스(α-amylase)나 미생물이 당을 이용하여 유기산을 생성하여 pH를 떨어뜨리고 생체막(biofilm), EPS(세포외다당류) 복합체를 생산하여 치아의 법랑질 표면에 탈 미네랄화가 되며, 뮤탄스균(*S. mutans*)이나 락토바실리우스

(*Lactobacillus*, 젖산균) 등이 성장해 충치가 생긴다.

죽염은 법랑질의 재강화(치아 우식의 자연적 회복 과정. 타액의 칼슘, 인산 등을 공급해서 법랑질을 구성하는 무기질 성장을 촉진)하므로 충치 진행을 막을 수 있다.

죽염은 구강 점막·치아 주변 조직·잇몸을 보호하고, 설암·구강암 발병을 억제하는 효과가 연구에서 확인되었다.

2. 구강 건강에 도움이 되는 죽염

죽염은 암세포의 자살을 유도하고 염증 유전자를 낮추어, 일반 소금보다 강한 구강 보호 및 항암 효과를 보여 주었다.

죽염의 설암세포 성장 억제 효과

인체 설암세포(TCA8113)를 이용한 실험에서, 죽염은 일반 소금보다 약 2배 이상 강한 암세포 성장 억제 작용을 보였다.

DAPI 염색 결과, 죽염 처리군에서 암세포의 자살(apoptosis) 현상이 현저하게 증가했다.[24]

<연구 요약> 설암세포 억제 효과(시험관 연구)

소금 종류	암세포 성장 억제 효과
천일염	27%
자죽염	61%

구강점막암 동물실험 결과

죽염은 구강점막암 모델에서 종양 크기와 림프절 전이를 크게 감소시켰다. U14 편평상피암세포로 유도한 마우스 구강암 모델 실험에서 암세포가 스스로 사멸하도록 유도하면서 염증 유전자 발현을 줄여 구강 조직 손상을 억제했다.[24]

<연구 요약> U14 편평상피암세포로 유도한 마우스 구강암 모델 실험

실험군	종양 크기 및 성장 억제	암세포 자살 유도	염증 관련 유전자 (iNOS, COX-2)	결과 요약
대조군	종양 성장 큼	없음	높음	암 진행
천일염	소폭 억제	소량	약간 감소	억제 약함
자죽염 (죽염)	종양 크기 크게 감소	Bax 증가, Bcl-2 감소 → 아폽토시스 유도	크게 감소	구강암 성장 억제 효과 뚜렷

림프절 전이(암 확산) 억제 효과

구강암은 주변 경부 림프절로 전이되는 과정이 중요한데, 죽염은 전이율을 상당히 낮추는 효과가 있었다.

<연구 요약> 림프절 전이 억제 효과

실험군	림프절 전이율
대조군	50%
천일염	40%
자죽염	20%

죽염은 암이 다른 조직으로 번지는 것을 억제하는 효과가 더 높았다.

죽염은 구강 내 염증을 줄이고
암세포의 성장을 억제하며
암의 전이를 감소시켜
구강 건강 유지에 효과적이다.

3. 죽염과 치아 건강

죽염은 잇몸 건강, 충치 예방, 세균 억제에 도움이 되는 것으로 여러 연구에서 보고되었다. 구강 내부는 항상 세균이 존재하는 환경이기 때문에, 치은염과 충치 예방은 '염증과 산(酸)의 조절'이 핵심인데 죽염은 이 두 부분에서 좋은 효과를 보인다.

죽염은 구강 내 세균, 치태(dental plague) 억제 및 치은(잇몸)의 염증 감소 효과를 나타내었다.

여러 연구진에 의하면, 세균의 증식을 억제하고 살균 효과를 나타내었고, 잇몸의 염증 감소 효과와 우식(충치)도 예방하는 효과가 있었다.

죽염은 구강 내의 충치와 치주질환 유발 가능 세균들에 대해 항균 효과와 염증성 사이토카인인 IL-1β와 IL-6를 억제하여 치은염증도 감소시켰다. 충치를 일으키는 *Streptococcus mutans*(스트렙토코커스 뮤탄스, 치아의 생체막을 만들고 치아 충치를 형성하는 주요균)의 성장과 산 생성을 억제하였다. 죽염 3%는 *S. mutans*의 성장과 산 생성을 억제하여 치아 우식 활성을 감소시켰다.

세균 증식과 염증 감소

죽염은 잇몸 염증을 유발하는 세균의 증식을 억제한다. 특히 치은염(잇몸이 붓고 피가 나는 염증)과 관련된 IL-1β, IL-6 같은 염증 신호 물질을 낮춰 준다.

잇몸이 자주 붓거나 피가 나는 사람이 죽염 치약을 쓰면 완화되는 이유가 여기에 있다.

충치 예방 효과

충치는 세균이 당을 분해하여 산을 생성하면, 법랑질이 녹기 시작하고 이어서 충치 발생의 과정으로 진행된다.[25]

죽염은 충치의 주 원인균인 *Streptococcus mutans*의 증식을 억제하고, 산 생성 감소를 동시에 막아 준다. 즉 당을 먹어도 산이 과도하게 형성되는 것을 막아 치아 손상을 줄여 준다.

치아 표면(법랑질) 강화 효과

죽염은 법랑질이 다시 단단해지도록 도와주는 '재광화 과정'을 촉진한다. 타액 속의 칼슘과 인산이 법랑질을 재형성할 수 있도록 환경을 안정화한다. 따라서 이미 약해진 치아 표면이 스스로 회복할 수 있도록 도움을 준다.

죽염 치약 연구 결과

실제 사람을 대상으로 한 실험에서, 죽염이 들어간 치약을 사용한 경우[26] 구강 세균이 감소하고 잇몸 붓기 또한 감소했으며 입냄새 완화 효과가 확인되었다. 특히 치주염 초기 단계에서 잇몸 회복이 더 빠르게 나타났다.[27]

왕대나무통에 천일염을 다져 넣고 황토로 밀봉한다. ©인산가

- 죽염은 구강 내 세균 증식과 산 생성을 억제하여 충치와 잇몸염을 예방하고

- 치아 표면의 재광화를 돕고, 죽염 치약 사용 시 구강 건강 개선 효과가 연구에 의해 확인되었다.

죽염은 잇몸 염증을 줄이고
충치 원인균을 억제하며
약해진 치아 표면을 다시 강화하는 데
도움이 된다.

위 건강과 죽염

죽염은 위 점막을 보호하고 염증을 줄여 준다

1. 위장의 역할

위(위장)는 식도에 연결된 기관으로, 소화관 중에서 가장 큰 부분이며 음식물의 저장고 및 소화관 역할을 한다. 위에서 소화된 음식물은 십이지장으로 이동되고 소장에서 소화와 흡수 과정이 이루어진다.

위는 자극과 염증에 매우 민감한 기관이어서 위염이 발생하는 경우가 많다.

급성위염은 갑작스럽게 발생하는 위점막의 염증으로, 소화기 질환 중에서 발생 빈도가 가장 높다.

식사를 잘못해서 생기는 급성 단순성 위염(외인성), 폐렴이나 유행성감기와 같은 급성 감염성 위염, 특정 식품을 먹고 알레르기 반응을 일으키는 급성 알레르기성 위염(내인성) 등이 있다.

그 밖에 기타 항생제 · 해열제 · 부신피질호르몬 등의 약물에 의해 위염이 생길 수도 있다.

만성위염은 단백질의 소회장애로 일어나는 '무산성 위염(위축성 위염)'과 위에 염증이 생겨서 위산의 분비가 항진 상태에 있는 '과산성 위염'이 있다.

2. 위를 보호하는 죽염

연구에서 죽염이 위점막을 보호하고 염증을 줄이는 효과가 확인되었다.

실험용 쥐의 위에 HCl/ethanol을 사용해 인위적으로 위염을 만든 뒤 정제염, 천일염, 1회죽염, 9회죽염, 오메프라졸(위염 치료제)을 각각 투여하여 비교했더니 다음과 같은 결과가 나왔다.[28]

<연구 요약> 위염 억제 효과

소금 종류	효과
정제염	위 손상 면적이 가장 크게 나타남
천일염	손상 면적 다소 감소
1회죽염	손상 77.8% 감소
9회죽염	손상 98.7% 감소 → 거의 완전 예방 수준
오메프라졸(치료제)	99.3% 감소

위 산도(pH) & 위액 분비 조절

위에 상처가 생기면 위산의 분비가 많아지고 pH가 낮아져 산성이 증가한다.

죽염은 위산 과다 분비를 억제하며 pH 균형을 회복하도록 돕는다.

죽염 투여군에서는 위액 분비가 감소되고, 위의 pH가 상승하여 산성도가 약화되었다.

즉 죽염은 위가 스스로 과도하게 자극되는 것을 막아 주는 안정화 역할을 한다.

헬리코박터균(*H. pylori*) 억제 효과

*H. pylori*는 위염, 위궤양, 위암 발생의 주된 원인균이다.

9회죽염은 위염 치료제 수준의 위 보호 효과가 확인되었으며, 헬리코박터균으로 인한 위염 억제에도 긍정적으로 작용하였다.

트리플 요법(항생제 2종 + 위산 억제제)에 죽염을 함께 투여했을 때 다음의 효과가 나타났다.[29]

- *H. pylori* 성장 어제
- 염증 유발물질 TNF-α, IL-1β가 감소
- 위점막의 염증 반응 완화

⇨ 죽염은 위염 치료 보조제로서 상승 효과를 낼 수 있음을 의미한다.

죽염 특히 9회죽염은
위점막을 보호하고 염증을 줄이며,
헬리코박터균 관련 위염 억제에도
도움이 될 수 있다.

3. 죽염과 위궤양 / 위암

위궤양 보호 효과

아스피린은 위 점막을 손상시키고 출혈을 유발할 수 있다. 실험에서 아스피린만 투여한 쥐는 심한 위 손상이 나타났지만, 아스피린과 자죽염(죽염)을 함께 투여한 그룹에서는 손상 정도가 정상군과 거의 동일하게 유지되었다.

연구에 의하면,

- 위 손상 약 85% 억제
- 염증 유발 물질 TNF-α, IL-1β 감소
- 특히 죽염 내에 존재하는 황화수소(H_2S)가 위 보호에 크게 작용한 것으로 분석됨.

⇨죽염은 위 점막을 보호하고, 약물 · 스트레스 등으로 인한 위 손상을 완화하는 데 도움을 줄 수 있다.[30]

위암 세포 억제 효과 (AGS 세포 실험)

인체 위암세포(AGS)에 소금 종류를 각각 적용하여 비교한 결과는 다음과 같다.

<연구 요약> 소금의 종류에 따른 암세포 억제율

소금 종류	암세포 억제율 (0.5% 농도)	암세포 억제율 (1% 농도)
정제염	5%	15%
천일염	8%	20%
1회죽염	14%	36%
3회죽염	20%	41%
9회죽염	25%	51% (가장 높음)

또한 암세포 사멸(아폽토시스)을 유도하는 Bax 증가, 암 생존을 돕는 Bcl-2 감소가 확인되었다. 즉 9회죽염이 가장 강력하게 위암 세포 성장을 억제하고 사멸을 유도하는 효과가 나타났다.[31]

- 죽염은 위 점막 손상을 줄이고 염증을 완화하며, 특히 9회죽염은 위암세포의 성장을 억제하고 세포 사멸을 유도하는 효과가 확인되었다.
- 위를 보호하고 위 건강을 유지하는 데 도움이 될 수 있다.

간 건강과 죽염

죽염은 간세포 손상을 줄이고 염증을 완화한다

1. 간의 역할

간은 체내 물질대사와 인체 내의 항상성 유지에 중요하며 500여 가지의 대사작용에 관여한다. 탄수화물·지방·단백질 등의 합성과 분해, 저장 등의 대사를 담당하고, 무기질과 비타민의 저장과 활성화, 중간 대사산물의 재이용과 분해 작용을 한다. 체내 독성 물질을 해독하고 방어도 하며, 지방의 소화 작용과 관련해 담즙을 생성한다.

간은 구조적으로 조직의 형태가 단정하고 배열의 질서가 정상일 때 순조로운 신진대사를 할 수 있다. 그러나 독성 물질 등에 의한 간 조직 손상으로 인해 간세포의 형태와 배열이 무질서해지면 간으로 들어온 혈액의 일부가 간세포에 들어오지 못한 채 간을 통과하면서 여러 장애가 일어나고 이에 간 기능의 어려움이 일어난다.

간의 질환으로는 바이러스에 의한 간염, 즉 급성간염·만성간염·간경변 등이 있고, 알코올과 비만에 의한 지방간·간성뇌질환·간암 등이 있다. 간질환·혈관 질환·암 등의 원인은 산화적 스트레스와 염증이 연관되어 있다.

산화 스트레스와 염증이 증가하면 간세포가 손상되고, ALT(Alanine Aminotransferase)·AST(Aspartate Aminotransferase)·LDH (Lactate Dehydrogenase) 수치가 상승하면서 간 기능이 저하된다.

2. 간 건강과 죽염

죽염이 간세포 손상과 염증을 억제하여 간 건강을 보호하는 효과가 보고되었다. 특히 9회죽염은 독성 물질에 의해 유도된 간 손상을 감소시키고, 간 수치(AST·ALT)를 안정화하는 데 도움을 줄 수 있는 것으로 나타났다.

간세포 손상을 줄이고 염증 완화

실험에서, 사염화탄소(CCl_4)로 간 손상을 유도한 쥐에게 소금 종류를 다르게 투여해 비교하였다.

그 결과 정제염 투여군에서는 간 손상이 심하게 나타났고, 천일염에서는 약하게, 죽염에서는 간 조직 손상이 현저히 감소했다.

<연구 요약> 소금 종류에 다른 간세포 손상 정도

소금 종류	간세포 손상 정도	해석
정제염	손상 심함	염증 및 세포 파괴 진행
천일염	손상 존재	보호 효과 미약
죽염 (특히 9회죽염)	간 조직 손상 현저히 감소	간세포 보호 효과 우수
양성대조군 (해독약)	죽염과 유사한 보호 수준	죽염 효과 약물 대비 비슷한 수준

또한 혈중 간 수치(AST, ALT)가 죽염 군에서 유의적으로 감소하여 간세포 파괴가 억제됨이 확인되었다.[32] 따라서 죽염은 간세포 손상을 줄이고 염증을 완화해 간 기능을 보호하는 데 도움을 줄 수 있다.

염증 수치 감소와 간 기능 안정화

CCl_4로 간 손상을 유도한 실험에서 AST, ALT, LDH(간 수치)는 정제염, 천일염, 1회죽염, 9회죽염 순으로 유의하게 감소하였다. 또한 염증성 사이토카인(IL-6, IFN-γ, TNF-α) 발현도 9회죽염에서 가장 낮게 측정되어 간 내의 염증이 현저하게 억제되었다.

조직학적으로도 정제염과 천일염 실험군에서는 간세포 괴사·울혈·변성이 뚜렷했지만, 1회죽염은 일부 보호 효과가 나타났고, 9회죽염에서는 정상에 가장 가까운 형태를 유지했다. 즉 간세포 보호 효과가 명확했다.

즉 죽염은 간 손상으로 상승하는 AST·ALT·LDH 수치를 안정화시키고, 염증성 사이토카인 발현을 낮추어 간세포 괴사와 조직 손상을 완화하는 데 도움을 준다.

간암 세포 성장 억제와 자살(아폽토시스) 유도

9회죽염은 인체 간암 세포에서 세포 자살 촉진 유전자(Bax)를 증가시키고 암세포 생존 유전자(Bcl-2)는 감소시켜 암세포가 자멸하도록 유도했다.

또한 iNOS, COX-2 같은 염증 유전자의 발현을 억제하여 암세포 성장 신호 및 염증 환경을 차단했다. 즉 암세포는 사멸시키고, 염증은 줄이고, 정상 간세포는 보호하는 방향으로 작용하였다.

3. 죽염의 항돌연변이(암 예방) 효과 −Ames 실험으로 확인됨

죽염은 발암물질(MNNG, N−methyl−N′−nitro−N−nitrosoguanidine)에 의해 유도되는 돌연변이(암 발생 위험)를 억제하는 효과가 확인되었다.

일반 정제염과 천일염은 소금 농도가 높아질수록 오히려 발암성을 증가시켰으나, 죽염은 특히 9회죽염에서 발암 억제 효과가 가장 높았다.[33]

아메스 테스트(Ames test) 결과, 정제염과 천일염은 발암물질 처리 시 돌연변이 발생이 증가하였으며 처리 농도를 높이면 (2.5mg/플레이트) 더 크게 증가하였다.

9회죽염은 변이 발생이 억제되었으며, 농도가 증가해도 돌연변이 발생을 줄이는 암 예방 효과를 보였다(표4). 즉 소금의 열처리 과정과 횟수(1~9회)에 따라 기능성이 현저히 달라지며, 9회죽염은 고농도에서도 발암률을 낮출 수 있는 유일한 소금으로 확인되었다.

죽염의 항돌연변이(암 예방) 효과

- 정제염·천일염 : 발암물질과 함께 사용하면 돌연변이(암 발생 위험) 증가. 농도가 높아지면 암 발생 위험이 더 높아짐.
- 죽염(1회·3회) : 일부 발암 억제 효과
- 죽염(9회) : 암 발생 억제, 죽염 농도가 높아지면 더 많이 억제
- 동일한 양의 소금을 섭취하더라도 소금의 종류와 소성(굽는) 횟수가 암 예방에 큰 영향을 줌

⇨ 9회죽염은 발암물질에 의해 유도되는 변이를 감소시키고 암 발생 위험을 억제하는 기능성 소금으로 연구됨.

<표4> 소금의 발암물질(MNNG)에 대한 Ames 암 예방 / 보돌연변이 효과 실험

소금의 종류/ 처리 농도 (mg/플레이트)*	복귀돌연변이 수(개)/플레이트	
	1.25	2.5
정제염	1021 (-20%)	1247 (-50%)
천일염	988 (-15%)	1188 (-42%)
죽염 1회	922 (-6%)	965 (-12%)
죽염 3회	868 (+1%)	902 (-4%)
죽염 9회	805 (+9%)	744 (+17%)

* 자연복귀돌연변이 수 : 121개 / 발암 물질(MNNG) : 874개

비만과
비알코올성 지방간을
조절하는 죽염

죽염은 체중을 감소시키고 간에서 지방의 축적을 억제한다

1. 비만이란?

현대인은 남녀노소 할 것 없이 모두 날씬한 몸매를 갖고 싶어 한다.

비만의 원인은 유전, 섭취 에너지와 소비 에너지의 불균형, 정신 및 신경인자, 내분비 및 대사장애, 식습관, 운동 부족 등 환경인자들에 의한다.

또한 비만은 여러 질병을 일으키기에 비만 예방과 관리는 매우 중요하다. 특히 복부 비만은 인슐린 저항성을 높이며, 당뇨병 · 고혈압 · 고지혈증 · 동맥경화 및 대장암 · 유방암 등의 암을 유발하여 성인병으로 이어지는 문제를 야기한다.

2. 비만과 죽염

죽염은 체중을 감소시키고 간에서 지방의 축적을 억제하는 효과가 있다.

일반적으로 소금은 '살이 찐다'는 인식이 있으나, 죽염은 오히려 지방 합성과 저장 유전자들의 신호를 조절하여 항비만 작용을 보였다. 이는 죽염에 들어 있는 무기질 · 항산화 성분 · 염증 조절 효과가 대사 개선에 기여하는 것으로 해석된다.

죽염의 항비만 효과

죽염은 비만을 억제하고 비만 마우스에서 살을 빼는 효과가 있었다.

C57BL/6 마우스에서 죽염은 항비만 효과가 있다고 연구되었다.

특히 죽염은 체중 증가와 지방 축적을 줄여 비만 및 비알코올성 지방간(NAFLD*, NASH)을 완화하는 효과가 있다는 연구가 보고되었다.[31,34] 9회죽염은 고지방식이로 비만을 유도한 마우스에서 지방 축적을 억제하고 지방 대사를 정상 범위로 되돌리는 효과가 확인되었다.

죽염이 비만에 미치는 영향을 정리하면 다음과 같다.

- 체중 증가 감소
- 간 무게 및 지방 조직 무게 감소
- 지방 합성 유전자(FAS, SREBP-1c) 발현 감소
- 지방 저장 관련 유전자(PPARγ, C/EBPα) 억제

죽염의 항비만 및 지방간 개선 효과

- 고지방식이 마우스에서 체중 증가 억제
- 간 지방 축적 및 비알코올성 지방간 개선
- 지방 합성 유전자(FAS, SREBP-1c) 감소
- 지방 저장/형성 유전자(PPARγ, C/EBPα) 억제
- 9회죽염이 가장 강한 항비만 효과를 보임

⇨ 죽염은 체내 지방 합성과 저장을 줄여 비만 및 지방간을 완화하는 기능성 소금으로 확인됨.

---

*NAFLD: Non-Alcoholic Fatty Liver Disease
 NASH: Non-Alcoholic Steatohepatitis
 FAS: Fatty Acid Synthase
 SREBP-1c: Sterol Regulatory Element-Binding Protein 1c
 PPARγ: Peroxisome Proliferator-Activated Receptor Gamma
 C/EBPα: CCAAT/Enhancer-Binding Protein Alpha

3. 비알코올성 지방간(NAFLD) · 지방간염(NASH) 개선 효과

고지방 식이로 비만을 유도한 마우스 실험에서, 죽염(특히 9회 죽염)은 간에 지방이 쌓이는 것을 크게 억제하고 간염으로 진행되는 염증 반응(NASH)을 감소시키는 효과가 확인되었다.[34]

죽염은 지방을 만드는 경로는 억제하고, 이미 축적된 지방을 분해하고 에너지로 사용하는 경로는 활성화하는 방향으로 여러 대사 유전자를 조절하였다.

간에서 지방 합성 억제

- FAS, SREBP-1c : 지방 합성 촉진 유전자 감소
- LXR-α*: 지방 생성 신호 조절 유전자 감소

간과 지방조직에서 지방 분해 활성화

- PPARα, CPT-1, ACO : 지방을 β-Oxidation(산화)하여 에너지로 전환 증가
- HSL, UCP: 지방 연소 및 체지방 소모 촉진 활성 증가

---

* LXR-α: Liver X Receptor alpha
PPARα: Peroxisome Proliferator-Activated Receptor alpha
CPT-1: Carnitine Palmitoyltransferase 1
ACO: Acyl-CoA Oxidase
HSL: Hormone-Sensitive Lipase
UCP: Uncoupling Protein

죽염을 만들 때는 소나무 장작을 연료로 쓴다. ⓒ인산가

혈중 지방 수치 및 지방간 염증 신호 감소

- ApoB, CD36, LPL 등 지방 축적 · 염증 유발 인자 감소
- 특히 9회죽염군은 정상군보다도 수치가 더 낮은 항염 · 항
  지방간 효과를 보임.

이 연구에서 죽염은 지방 합성과 지방 분해가 이루어지는
대사 환경을 조절하여 지방간과 지방간염의 진행을 막고 간세
포 손상을 보호하는 역할을 하였다.

죽염의 비알코올성 지방간 및 지방간염 개선 효과

- 지방 합성 유전자 FAS, SREBP-1c 감소
- 지방 분해 유전자 PPARα, CPT-1, ACO 증가
- 지방 연소 조절 단백질 HSL, UCP 활성 증가
- 지방간 및 염증 관련 인자 ApoB, CD36, LPL 감소
- 9회죽염이 가장 강력한 간 보호 및 지방 감소 효과

⇨ 죽염은 간에서 지방 생성은 줄이고, 지방 연소는 높여 지방간
과 염증성 지방간을 완화하는 기능성 소금으로 확인됨.

---

* ApoB: Apolipoprotein B
CD36: Cluster of Differentiation 36
LPL: Lipoprotein Lipase

비염과 죽염

죽염은 알레르기 비염을 억제한다

1. 비염이란?

비염은 코 안의 공간인 부비동과 비강을 덮고 있는 점막의 염증성 질환이다. 면역력이 떨어지면 그로 인해 면역 과잉 반응으로 콧물, 코막힘, 기침, 재채기, 가려움증, 후각 손실, 후비루 증후군 등이 나타난다. 외부에서 오는 세균, 바이러스, 먼지 등의 외부 항원에 대해 과민 반응을 일으킨다.

비염의 근본 원인은 면역력 저하에 있다. 외부 항원으로 인해 코의 기능이 어려워지고 구강 호흡을 하게 된다. 코의 거름막 없이 입으로 세균 및 외부 유해 물질을 먹게 되어 문제가 된다.

코의 온도 저하로 코를 따듯하게 해 주면 면역 기능을 다소 높일 수 있으며, 면역의 균형을 맞춰 주는 시금치·브로콜리·깻잎 등의 채소와 과일, 된장, 검은콩 등도 면역력 증강에 도움이 된다.

알레르기 비염(allergic rhinitis, AR)에 죽염이 효과가 있음이 연구되었디. 알레르기 비염은 특히 집먼지·신느기·고양이·개 등의 털, 꽃가루·곰팡이 같은 알레르겐(항원)이 문제가 되는데, 이를 오래 방치하면 천식이나 아토피에도 걸리게 된다.

비염은 코 점막에서 일어나는 알레르기 반응이고, 이런 반응이 폐에서 일어나면 천식, 피부에서 나타나면 아토피 피부염이 된다.

2. 비염과 죽염

죽염은 이러한 과도한 면역 반응을 조절하여 알레르기 비염(AR)을 유의미하게 억제하는 효과가 연구에서 확인되었다.[35]

즉 죽염은 Th2 사이토카인(Cytokine)으로 치우친 알레르기 면역을 안정화하고, 비염의 핵심 염증 유발 신호인 Caspase-1과

IL-1β를 낮추어 비염 증상을 전체적으로 완화한다.

<연구 요약> 핵심 작용 기전

대상	죽염의 효과	결과
비만세포 (mast cell)	히스타민 & IL-1β 생성 억제	알레르기 반응 감소
Th2 면역 반응	IL-4·IL-5 감소 IFN-γ 증가	면역 균형 회복 및 염증 완화
Caspase-1 (염증 개시 단백질)	활성 억제	점막 염증 억제
호산구·비만세포 수	감소	코점막 부종 및 가려움 감소

죽염의 비염 완화 및 항알레르기 효과

- IgE, 히스타민, IL-1β 등 알레르기 유발 신호 감소
- Caspase-1 활성 억제 : 점막 염증 반응 완화
- Th2 사이토카인 IL-4 / IL-5 감소, IFN-γ 증가 : 면역 균형 회복
- 코 점막에서 호산구 및 비만세포 수 감소
- 콧물, 코막힘, 재채기, 가려움증 등의 증상 완화

⇨죽염은 항알레르기 · 항염증 작용을 통해 알레르기 비염을
억제하는 기능성 소금으로 확인됨.

아토피 피부염과 죽염 11

죽염은 아토피 피부염의 염증 반응을 조절한다

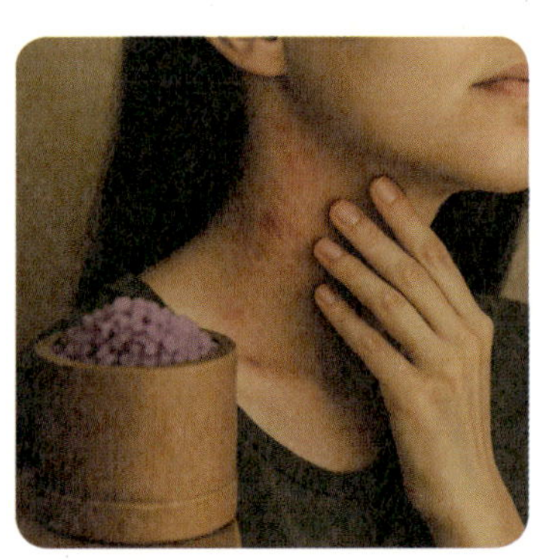

1. 아토피 피부염이란?

아토피 피부염(AD: Atopic Dermatitis)은 만성 재발성 피부질환으로, 피부에 만성염증·가려움증·피부 장벽의 손상을 일으킨다.

　발생 원인은 유전자 및 환경과 관련된 다양한 복합적인 요인이다. 우유·계란·밀·견과류·땅콩·해산물 등의 음식물, 집먼지·진드기·피부 세균(황색포도상구균)의 불균형,

후생 유전학(주위 환경에 의한 유전자 발현에 영향), 장의 미생물 군집 변화 등도 연관이 있다고 알려져 있다.

일반적으로 아토피 피부염은 유아기에서 많이 발생되는데 이 알레르기 질환을 시작으로, 천식(asthma)과 비염(rhinitis)으로 점진적으로 발달되며 순서에 따라 발생한다. 피부 상피 장벽의 손상, 위장관, 호흡기의 공간적 변화를 따르는데, 이를 '아토피 행진(atopic march)'이라고 한다. 일부는 수년간 지속될 수도 있지만 다른 일부는 나이가 들면서 가라앉을 수도 있다.

12세 이후의 아토피 피부염은 성인형으로 취급하는데, 흔히 천식과 알레르기성 비염을 동반하게 된다. 심리적 알레르겐에 속하는 정서불안, 스트레스, 조급한 마음 등도 성인형 아토피 피부염을 악화시키는 한 요인이 된다.

알레르겐(집먼지·진드기·음식·세균 등)이 손상된 피부로 침투하면 각질형성세포(keratinocyte)가 TSLP(Thymic stromal lymphopoietin)를 분비하고, 이는 Th2 면역 반응과 IgE 생성을 증가시켜 염증을 확대시킨다. 그 결과 호산구·비만세포·대식세포 등이 피부에 침윤하여 '가려움, 긁기, 피부 장벽 손상, 염증 악화'의 악순환이 이어진다.

2. 아토피 피부염과 죽염

연구에서, 죽염을 먹인 아토피 모델 마우스는 임상 증상, 가려움(긁는 횟수), 혈청 IgE, 히스타민(Histamine)이 모두 유의적으로 감소하였다.[36]

<연구 요약> 아토피와 죽염의 작용 기전 요약

단계	죽염의 작용 기전	결과(관찰된 효과)
1단계 피부 장벽 손상 단계	손상된 피부 상피에서의 염증 반응 억제	피부 상피 두께 감소 병리학적 염증 소견 완화
2단계 알레르기 신호 개시	각질세포에서 분비되는 TSLP 생성 억제	Th2 면역 반응 활성 감소
3단계 면역 불균형 조절	Th2·Th17 사이토카인 활성 억제	알레르기성 염증 신호 전달 차단
4단계 IgE 매개 반응	IgE 생성 감소 및 비만세포 활성 억제	알레르기 반응 강도 감소
5단계 히스타민 분비	비만세포에서의 히스타민 분비 감소	가려움증 완화, 긁는 행동 감소
6단계 염증세포 침윤	호산구 · 대식세포 · 비만세포의 피부 침윤 억제	만성 염증 진행 억제
7단계 임상적 결과	화학물질(DNFB)로 유도한 AD 동물 모델에서 경구 투여 효과 확인	피부 병변 중증도 감소, 긁는 횟수·IgE· 히스타민 수치 감소

죽염의 아토피 피부염 완화 효과

- TSLP 생성 억제 : 초기 알레르기 면역 반응 차단
- IL-4, IL-5 감소 및 IgE, 히스타민 수치 감소 : 염증 및 가려움 완화
- 비만세포 · 호산구 침윤 감소 : 피부 손상 및 긁는 악순환 개선
- 피부 장벽 회복에 기여 : 건조와 균열을 감소시키고 피부 재생 촉진한다.
- 실험 모델에서 가려움 행동 · 표피 두께 · 염증표지지기 유의적으로 감소된다.

⇨ 죽염은 아토피 피부염의 염증 반응을 조절하고 피부 장벽을 보호하는 역할을 하는 것으로 확인됨.

치매(알츠하이머)와 죽염 12

죽염은 뇌 염증을 억제하고 인지 기능을 보호한다

1. 치매란?

알츠하이머병은 치매 중 가장 흔한 형태로, 전체 치매 환자의 약 75%를 차지한다.

  뇌 속에 비정상 단백질(아밀로이드 베타, Aβ / 과인산화된 타우 단백질)이 축적되면서 신경세포가 점차 손상되고 사멸하는 퇴행성 뇌 질환이다. 기억력 저하 → 언어 능력 감소 → 판단력 및 일상 수행 능력 저하로 이어지는데, 현재까지 완치 치료는 어려우므로 예방의 중요성이 매우 크다.

2. 치매와 죽염

일반적으로 과도한 소금 섭취는 산화스트레스와 염증을 높여
치매 위험을 증가시키는 것으로 알려져 있지만, 소금의 종류
에 따라 차이가 있으며, 죽염은 오히려 인지 기능 감소와 뇌세
포의 염증을 억제하는 효과가 보고되었다.

<연구 요약> 죽염과 알츠하이머 예방 효과

실험 조건	주요 결과	의미
11주 단기 실험, 8% 고염식	죽염 → 독성이 강한 Aβ*(1-42) 농도 감소 β-secretase(BACE1) 발현 감소	아밀로이드 생성 억제 효과
	RAGE(뇌로 Aβ 유입시키는 단백질) 감소 LRP1(Aβ 배출시키는 단백질) 증가	뇌 속 Aβ 축적 억제
7개월 장기 실험, Maze Test 인지검사	죽염군 → 인지 기능 개선 미네랄 없는 소금군 → 인지 기능 저하	죽염 장기 섭취 시 뇌 기능 보호 효과
	산화스트레스·염증 유발 인자 TNF-α, NF-κB, p65감소	뇌 염증 억제 및 신경 보호 효과

소금을 채운 대나무통을 소나무 장작으로 불을 때서 굽는다. ©삼보죽염

연구 결과, 죽염은 장기 섭취 시 뇌 신경세포 보호와 인지기능 저하 속도를 늦추는 데 도움을 줄 수 있을 것으로 보인다.[37]

**죽염은 아밀로이드 베타 축적과 뇌 염증을 억제하고
인지 기능을 보호하여,
알츠하이머 증상 진행을 완화한다.**

---

* Aβ: Amyloid-beta
  BACE1: Beta-site APP Cleaving Enzyme 1
  RAGE: Receptor for Advanced Glycation Endproducts
  LRP1: Low-density lipoprotein Receptor-related Protein 1

죽염의 면역 증강 효과

죽염은 면역 활성 증가 효과가 뛰어나다

1. 면역이란?

'면역(免疫)'이라는 한자어에서 '역(疫)'은 병을 뜻한다. 즉 면역은 '병(疫)을 면한다(免)'는 의미로, 면역이 있기 때문에 우리의 건강이 유지되는 것이다.

면역이 안 되면 감염병뿐 아니라 암과 같은 각종 질환에도 걸리기 쉬운 상태가 된다. 면역력을 유지하거나 높이려면 건강한 음식을 먹고, 규칙적으로 운동하며, 손을 깨끗이 씻고, 매일 10분 이상 햇빛을 쬐는 등의 노력이 필요하다. 여기에 더해 마음을 편안하게 유지한다면 면역력 강화에 큰 도움이 된다.

우리 몸의 면역계는 외부 침입자(바이러스, 세균 등)를 막는 '방어 시스템'이다. 죽염은 염증 억제, 항암, 혈관 건강, 당 대사 조절 등에 도움을 준다고 알려져 있으며, 특히 면역 활성 증가 효과가 실험에서 확인되었다.

2. 면역과 죽염

연구에서 대식세포 RAW·264.7 세포 실험과 마우스 강제 수영 실험(FST, Forced Swimming Test, 스트레스·우울 행동 측정 모델)을 통해 죽염과 죽염에서 유래된 NaSH(H_2S 공여 물질)이 면역 반응을 촉진하고 스트레스 내성을 높이는 효과가 보고되었다.

28일간 경구 투여 후 마우스의 부동 시간(immobility time)이 크게 감소하였는데, 이는 스트레스 저항성 증가로 인한 전신 면역력 향상을 의미한다.

또한 죽염과 NaSH는 면역 관련 핵심 사이토카인 IFN-γ, IL-2, TNF-α를 증가시켜 항바이러스·항염증·항암 면역 활성을 강화하였다.[38]

<연구 요약> 죽염의 면역 증강 작용

작용 기전	설명	기대 효과
스트레스 저항성 증가	죽염 투여군에서 부동시간(immobility time)이 대조군 대비 현저히 감소	스트레스에 대한 신체 적응력 향상 → 면역 저하 상황 완화
면역 활성 상태 유지	죽염군은 수영 중 더 오래 움직이며, 피로·무기력 상태로의 전환이 지연됨	면역계가 활성화된 상태를 더 오래 유지
황화수소(H_2S) 매개 면역 신호 활성	죽염 효과가 NaSH (H_2S 공여체)와 유사하게 나타남	죽염의 황화합물이 면역 조절에 직접 관여
NF-κB 경로 활성화	RAW 264.7 대식세포 실험 결과와 연결	면역 관련 사이토카인 생성의 상위 조절 신호 강화
면역 사이토카인 증가	비장, 혈청에서 IFN-γ, IL-2, TNF-α 증가 확인	항바이러스·항암· 세포 면역 기능 강화
우울·피로 유사 행동 감소	부동 시간 감소는 우울·피로 행동 감소 지표로 해석됨	만성 스트레스에 의한 면역 억제 예방

　이처럼 죽염은 신체의 선천·후천 면역을 모두 조절하여 감염 저항력과 체력 회복 능력을 향상시키는 면역 증강을 시키는 소금으로 확인되었다.

죽염은 체내 면역신호를 활성화하고
스트레스 저항성을 높여,
바이러스 감염 대응력과 전신 면역 균형을
강화하였다.

죽염에 대한 기타 연구

14

죽염은 염증 및 코로나바이러스 억제 효과가 있다

1. 염증 억제 효과

염증은 몸이 외부 자극이나 상처로부터 자신을 스스로 보호하기 위한 면역반응이다. 하지만 염증이 장기간 지속되거나 과도하게 활성화되면 오히려 암·당뇨·심혈관질환 등의 만성 질환을 유발하게 된다.

죽염은 염증성 유전자와 사이토카인의 생성 자체를 조절하여 장기의 염증을 완화하고 조직 손상을 줄이는 효과가 연구에서 확인되었다.

특히 구강·위·간·대장 등의 소화기관과 전신 면역세포에서 공통적으로 염증성 사이토카인의 분비가 감소했다.

<연구 요약> 죽염의 염증 억제 효과

연구 모델	관찰된 효과	설명
HMC-1(비만세포) 세포 실험	TNF-α, IL-1β, IL-6 분비, 약 67~70% 감소	알레르기·염증 반응 핵심 물질 억제
AOM/DSS로 유도된 마우스 대장염 모델	대장 조직 및 혈액 내 염증성 사이토카인 감소	장 염증·대장 점막 손상 보호

주요 감소한 염증 유전자 및 단백질

죽염으로 인해 감소한 염증 유전자 및 단백질 종류는 다음과 같다.

- IL-1β
- IL-6
- TNF-α
- COX-2 (염증 유발 효소)
- iNOS (활성산소 생성 및 만성 염증 유도 인자)

결과적으로 죽염은 염증 관련 유전자 발현을 조절하고 염증 반응 자체를 낮추는 작용을 한다.[39]

죽염의 항염증 작용

- 염증성 사이토카인 억제 : TNF-α, IL-1β, IL-6 분비 감소되어 과잉 면역 반응 완화
- 조직 손상 보호 효과 : COX-2, iNOS 등 염증 관련 유전자 하향 조절
- 염증 유전자 발현 조절 : 대장 · 간 · 소화기 조직에서 염증으로 인한 손상 억제
- 비만세포 안정화 : 알레르기 반응 시 과도한 히스타민 · 면역 반응 완충

⇨ 만성 염증과 관련된 질환 예방 및 염증 완화에 죽염은 유의미한 조절 효과를 보임.

죽염은 염증성 사이토카인 관련 유전자의
발현을 조절하여
알레르기 염증 반응을 억제하고
장의 염증을 완화하며
조직 손상을 줄이는 항염증 효과를 나타내었다.

2. 코로나바이러스 감염 억제 효과

최근 연구에서 죽염은 비만세포(mast cell)의 과도한 면역반응과 염증성 사이토카인 폭풍을 조절하고, 코로나바이러스가 인체 세포에 들어오는 통로를 억제하는 효과가 확인되었다.

코로나19 바이러스는 ACE2 수용체와 TMPRSS-2 단백질을 이용해 세포 안으로 침입한다.

죽염(삼보죽염)은 이러한 침입 과정 자체를 차단하는 방향으로 작용하는 것이 핵심이었다.[40]

<연구 요약> 작용 기전

대상	역할	죽염의 효과
ACE2 (바이러스 결합 수용체)	코로나바이러스가 세포에 달라붙는 '문'	발현 감소 → 바이러스 결합 기회 축소
TMPRSS-2 (바이러스 침투 보조 단백질)	바이러스가 세포막을 뚫고 들어가도록 돕는 효소	발현 억제 → 침투 과정 차단
Tryptase (비만세포에서 분비됨)	비만세포의 활성화·염증 유발	분비 감소 → 과염증 반응 억제
AP-1 / JNK / p38 / PI3K 신호 전달	염증 반응 유도 경로	신호 전달 억제 → 면역 균형 회복

즉 죽염은 바이러스가 세포에 달라붙는 문을 잠그고 들어오려는 힘까지 약화시키는 이중 차단 효과를 내었다.

<연구 요약> 죽염의 코로나바이러스 감염 억제 메커니즘

항목	억제 효과	결과
ACE2[*] 발현 감소	바이러스 결합 저해	감염 진입 단계 차단
TMPRSS-2 감소	세포 침투 억제	바이러스 복제 및 전파 속도 감소
비만세포 활성 감소	염증성 사이토카인 완화	중증 진행 위험 억제
염증 신호(AP-1/JNK/p38/PI3K) 억제	전신 염증 저감	면역 균형 유지

⇨ 바이러스의 침입 경로와 염증 반응을 동시에 조절하는 다중 보호 효과가 나타남.

연구 결과는 죽염이 단순히 면역을 '올린다'는 개념을 넘어

---

[*] ACE2: Angiotensin-Converting Enzyme 2
TMPRSS-2: Transmembrane Protease Serine Subtype 2
AP-1: Activator Protein-1
JNK: c-Jun NH_2-terminal Kinase
PI3K: Phosphatidyl Inositide 3-Kinase

바이러스의 진입 통로를 조절하고 면역반응을 균형화하는 정교한 작용을 지닌다는 점을 보여 준다. 이는 코로나 감염 예방뿐 아니라 감염 후 중증 진행 위험을 낮추는 데에도 의미가 있다.

죽염은 ACE2 및 TMPRSS-2 발현을 억제하여
코로나바이러스의 세포 침입 자체를 줄이고,
염증 폭풍을 완화하여
감염의 악화 가능성을 낮춘다.

죽염과 발효식품 15

한국의 전통 발효식품 섭취는 건강 유지에 핵심 역할을 한다

1. 발효식품과 프로 · 프리 · 포스트바이오틱스

1) 발효식품의 건강기능성

유익한 미생물이 음식을 발효하면 프로바이오틱 · 프리바이오틱 · 포스트바이오틱이 관여하게 되어, 맛있고 저장이 오래 가능하며 건강에 좋은 식품이 만들어진다.

　우리나라 식품은 대부분 발효식품이 많았다. 김치 · 된

장·간장·청국장·고추장·젓갈·술 등이다.

최근 세계 유명 학술지 *Cell* 지에 흥미 있는 연구가 보고되었다(Wastyk 등, 2021).[41] 우리 건강에 좋다는 채소·과일 등의 고식이섬유소 식단과 고발효식품 식단을 각각 섭취하고, 장내 미생물과 면역, 염증 등에 어떤 차이가 있는지를 인체를 이용한 실험을 하였다. 실험 결과, 고섬유질 식단 섭취군에서는 미생물들의 기능이 증진되었는데 당을 분해하는 활성효소들

<그림10> 식이-미생물-면역축에서 고섬유질 및 고발효식단의 식이 효과[41]

(CAZymes)을 활성화하고 장내균에게 영향을 끼쳐 단쇄지방산(SCFA)을 많이 만들어 건강에 도움을 주었지만, 면역 반응과 관련해서는 미생물의 다양성은 감소하였고 염증도 변화가 없거나 증가하는 경향을 보였다. 그러나 콤부차 · 요구르트 · 발효 유제품 · 김치 · 사우어크라우트 등의 고발효식품 식단은 장내 미생물의 다양성(장내 미생물의 다양성은 면역 기능 조절 기능 향상과 장 건강 유지에 중요함)을 더 많이 증가시키고, 만성염증, 다양한 질병 예방 효과, 염증 신호와 활성이 감소되고 면역 반응 조절이 더 잘되어 발효식품 식단이 중요하다고 하였고, 발효식품과 건강에 대해 더 주목을 끌게 되었다(그림10).

2) 프로 · 프리 · 포스트 바이오틱스

인산 김일훈 선생은 1986년 6월 15일에 『신약』이라는 책을 발간하였는데 지금까지 100만 부 이상이 판매되었다고 한다. 책을 통해 또는 인산 선생의 의술로 많은 불치의 병으로 고생하던 이들의 목숨을 구했다고 한다.

인산은 책의 서문에서 수많은 사람들이 주변에 무궁무진한 양약을 쌓아 두고 각종 질병으로 죽어 가고 있다고 말한다. 그는 각종의 암과 난치병 발생에 직접적 영향을 미치는 생명원으로 종균(種菌)에 대해 말한다. 미네랄 원소들이 많은 죽염이 병균과 암균을 죽이고 종균과 영양균을 지킨다고 하였다. 이 종균은 최근에 연구가 활발한 프로(Pro)·프리(Pre)·포스트(Post) 바이오틱스를 말하고, 이들이 발효한 발효식품이 건강에 중요하게 영향을 미치고 있음을 말한다(그림11).

프로바이오틱스(probiotics)

프로바이오틱스는 발효식품에서 종균을 말하며 병균과 암균을 죽이는 생균으로 발효미생물로 작용할 뿐 아니라 어느 정도의 숫자 이상을 섭취하면 보통의 영양을 뛰어넘어 인체를 건강하게 하고 유익한 효과를 발휘한다.

노벨상을 받았던 메치니코프는 발효유(요구르트)의 섭취는 생명을 연장하고 장수하게 하는 식품이라고 주장하였다. 그는 1907년, 요구르트에 있는 세균, 특히 유산균과 발효산물은 위장관(GI관)에서 식품이나 병원성균들로부터의 유해한 물질을 제거하여 장을 깨끗하게 하는 정장 작용을 한다고 했다.

1970년대부터 발효식품은 건강에 좋다고 연구가 시작되었다. 인체 내에는 많은 균들이 살고 있는데 사람의 세포가 70조 개 정도인데 위장관에만 100조 개 이상의 미생물이 살고 있다고 한다.

인체세포는 미생물들과 공생하고 있는데(눈, 입, 피부, 요도, 질, 두피, 코, 목, 위장관) 실제로 인체 세포 수보다 10배 정도나 더 많이 살고 있고 그들의 유전자 수는 인체 세포의 유전자보다 130~150배 더 많다. 따라서 그들과 그들의 유전자가 인체와 상호 작용을 하여 장내세균의 불균형(microbiome dysbiosis)를 일으켜 인체의 질병의 원인이 되고 건강에 영향을 끼치게 된다고 한다.

프로바이오틱스는 발효식품, 특히 김치나 요구르트 등에 의해 인체에 섭취되고 인체에서 대사되어 건강에 영향을 줄 수 있다(대표적인 유산균은 유해균을 죽이고 장을 건강하게 하므로, 이들 미생물의 인체 내에서 분포도와 양이 중요하다).

장내 미생물은 우리 인체세포와 계속 대화해서 우리의 건강 유지와 질병 유발에 중요하게 작용한다고 알려져 있다. 장에 사는 미생물들(gut microbiome)은 뇌의 발달, 정신적 건강, 염증성 질환, 비만, 당뇨, 암, 면역 등 인체의 다양한 질환에 관여한다. 인체의 다른 부위, 피부, 장, 여성의 질에 있는 미생물들은 면역 반응, 알러지, 비만, 당뇨를 조절하는 데 중요하다고 알려져 있다.

프리바이오틱스(prebiotics)

대장에서 숙주의 건강에 도움을 주는 세균을 선택적으로 자극을 하거나 잘 자라게 해서 유익한 효과를 내는 비소화성 식품을 말하고 대장에서 프로바이오틱스를 잘 성장하게 하는 먹이를 말한다. 락툴로스(Lactulose), 프락토올리고당, 갈락토올리고당, 이눌린(돼지감자) 등이 있다.

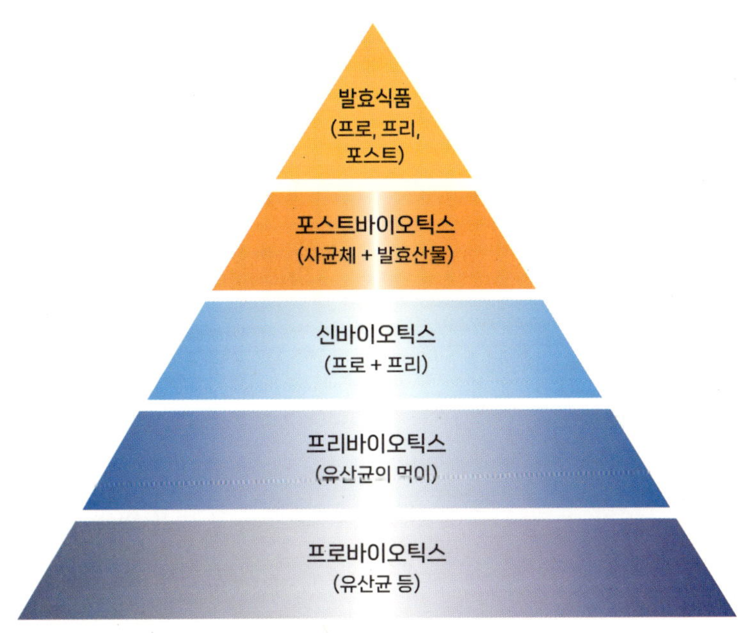

<그림11> 프로 · 프리 · 포스트바이오틱스와 발효식품

신바이오틱스(synbiotics)

프로바이오틱스와 프리바이오틱스를 합한 것을 신바이오틱스라 하고 유익한 장내 세균을 위한 충분한 숫자와 영양소를 가져 장에서 프로바이오틱스 균이 잘 성장하고 더 효과적으로 건강에 좋은 영향을 미친다.

포스트바이오틱스(postbiotics)

프로바이오틱스의 사균화된(죽은 균) 미생물들이며 이들의 세포벽 물질이 건강에 중요한 역할을 끼친다. 발효식품에서 발효 후 죽은 발효균 사균체를 말한다. 이들은 사균체 프로바이오틱스로 생균체 프로바이오틱스와 비슷한 효과를 내며 면역 기능에 효과가 좋다. 사균체의 세포벽 물질, 펩티도글리칸, 리포테이코익산, 다당류, EPS(세포 외 다당류, exopolysaccharide) 등이 있다.

포스트바이오틱스에는 발효 중 프로바이오틱스가 식품 기질을 분해하여 대사한 대사산물의 여러 화합물 또는 발효 산물들도 이에 속한다. 효소, 분비 또는 분해된 단백질, 펩타이드, 아미노산 등, 단쇄지방산(SCFA, short chain fatty acids, 장내세균에 의한 식이섬유의 발효산물), 비타민, 유기산 등이 건강에 크게 영향을 미친다.

> **한국의 발효식품**
>
> 김치와 장류(된장, 간장, 고추장 등)의 발효식품은 프로바이오틱 균들로 발효되고 식이섬유소 등을 가져 프리바이오틱스 역할을 하며, 발효 중 죽은 사균체들과 발효 원재료로부터 발효 산물들이 있어 포스트바이오틱 모두를 가진 식품이 되어 이상적인 건강식품이라고 할 수 있다.

2. 김치와 죽염김치

김치는 한국의 전통 채소 유산균 발효식품이다. 김치의 종류는 재료에 따라 300여 종 이상으로 알려져 있지만 그중 배추김치가 70% 이상 소비되고 있어 김치의 대표라고 하겠다.

배추를 소금에 절이는 동안 부패균은 감소되고 배추와 부재료에 자연히 붙어 있는 유산균이 종균으로 작용하여 유산균 발효식품이 된다. 김치의 맛, 건강기능성은 김치의 재료, 발효 방법(온도, 미생물, 발효 용기 등)에 영향을 받는다.

<그림12 > 김치의 재료, 발효 및 건강 기능성

맛있는 김치 만드는 방법

맛있는 김치를 만들려면 김치의 재료, 유산균, 발효 조건(소금 농도 및 종류 등) 등이 중요하다.

① 절인 배추를 세척할 때 물로 너무 많이 씻으면 배춧잎 사이에 붙어 있던 유산균과 배추의 당 성분이 씻겨내려가 맛있게 발효가 안 된다. 따라서 적당히 세척하는 것이 중요하다. 유산균은 줄기에 붙어 있고 또 사이 사이에 있어서 흐르는 물에 지나치게 씻으면 불리하다.

② 양념소를 잎과 줄기 사이에 넣고 겉잎으로 잘 싼 다음(그림12), 공기를 가능하면 제거하고 용기에 꾹꾹 눌러서 발효시킨다. 유산균은 공기를 싫어하므로 통성혐기적으로 자랄 수 있도록 약간만의 공기를 허용한다.

③ 초기에 발효에 참여하는 유산균은 이종발효균(최종 생산물은 여러 종류를 생성하는 혼합 발효 산물 생성균)인 류코노스톡(*leuconostoc*)균이다. 김치를 담가 바로 냉장고에 넣지 말고 베란다에 하룻밤 두어 이 균이 적당히 자라도록 한 뒤에 냉장고에서 저온 발효(3-5°C)하면 맛있는 김치가 된다.

④ 선조들은 배추 포기 사이에 공기를 제거하기 위해 돌로 눌러 주면서, 항아리처럼 약간의 숨구멍이 있으면서 저온 발효(땅속 발효 2-7°C)로 하면 맛있는 김치가 된다. 그리고 잘 익은 젓갈(새우젓, 멸치젓), 황태육수, 다시마+표고버섯, 특히 1년 이상 된 멸치젓의 첨가는 김치 맛을 좋게 한다. 멸치젓과 새우젓은 오래 발효되면 암 예방 효과가 더 높아진다.

〈그림12〉에서 보는 바와 같이 배추, 고춧가루, 마늘, 생강, 파 등이 원료가 되고 유산균이 발효하여 맛과 건강기능성을 갖춘 발효식품이 된다. 김치는 항산화, 항노화, 항암, 항비만, 면역 증진 효과 등 여러 만성질환 예방 효과가 있다.[42]

1) 김치의 암 예방 및 항암 효과

김치는 Ames, SOS test, 초파리 날개 실험, 인체 암세포들, 마우스 실험 등에서 항암 효과를 나타내었다. 항암 효과를 더 높이기 위한 많은 보완 실험을 하였다.

유기농 배추, 암탁(암에 탁월함) 배추, 초피, 겨우살이 추출

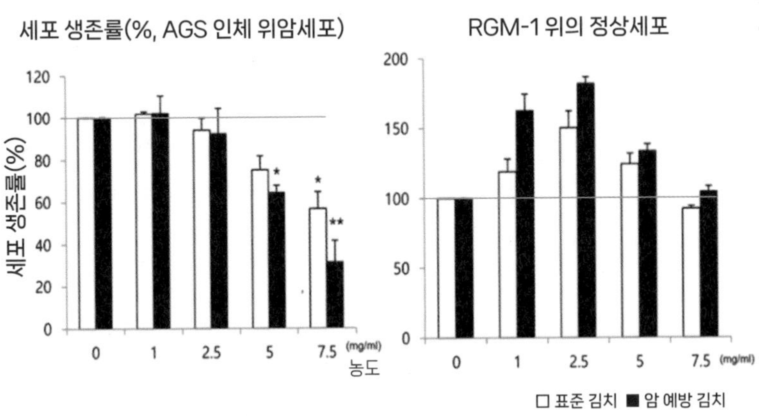

<그림13> 김치의 항암 효과

물, 고춧가루, 마늘, 생강, 갓, 유산균, 죽염, 발효 방법 등을 조절하여 암 예방 김치를 제조했었다.

김치의 항암 효과는 〈그림13〉에서 보는 바와 같이 정상세포(RGM-1)에서는 농도를 증가해도 독성이 전혀 없었는데 (100%의 생존률 유지) 암세포(AGS 인체 위암세포)에서는 같은 농도에서 강력한 항암 효과를 나타내었다.

표준김치도 효과가 있었지만 암 예방 김치는 더 효과가 (7.5mg/ml 농도에서 70% 정도 억제) 높았다.[43] 정상세포에서는 세포독성이 일어나지 않고 암세포에서는 아폽토시스를 일으켜 암세포를 자살시켰다.

2) 죽염김치의 건강기능성

죽염으로 김치를 담그면 더 잘 절여지고 부패균은 감소하고 유익한 유산균의 성장은 높아지면서 조직감 등 김치의 맛은 더 우수해졌다.

건강기능성 중 항산화 효과와 항암 효과도 높아지고 항비만 효과도 우수했다.

1회, 3회죽염을 이용하여 죽염 양을 절약하기 위해 건염법으로 절였다(1% 소금량 사용). 배추의 탄력성도 좋았고 유산균수는 10배 정도 증가했다.

3회죽염을 사용하면 관능검사에서 최고의 점수(6.64점)를

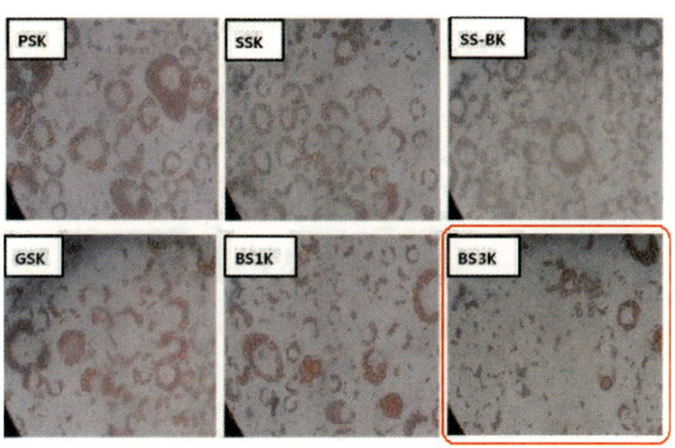

<그림14> 죽염김치의 지방세포 분화 억제

<연구 요약> 마우스 지방세포 실험 결과 (항비만 효과)

김치 제조 소금	지방세포 분해 효과	특징
PSK (정제염 김치)	낮음	지방 축적이 그대로 유지됨
SSK (천일염 김치)	약간 향상	일부 지방 감소
SS-BK (제간수 천일염 김치)	보통	미세한 개선 효과
BS1K (1회죽염 김치)	뚜렷한 항비만	지방세포 크기와 숫자 감소 확인
BS3K (3회죽염 김치)	가장 강한 항비만 효과	지방세포 축적이 확연히 억제됨

⇨ 죽염으로 발효할수록 지방 축적 억제 효과가 커진다.

얻었다. 항산화 효과도 높았고 인체 대장암세포에서 항암 효과도 월등히 높았다.[44]

죽염김치(BS3K)는 지방세포(3T3-L1)에서 지방세포로의 분화를 억제하여 항지방 효과도 가장 높았다.

〈그림14〉에서 보는 바와 같이 붉은 둥그런 지방세포가 거의 축적되지 않았으며, 3회죽염 김치는 정상군과 비슷하게 지방세포 축적을 억제, 비만을 억제하는 효과가 있었다.

염증 유전자 iNOS와 COX-2의 발현이 죽염김치에서는 크게 감소되었다. 〈그림15〉에서와 같이 1×(1회죽염김치)와 3×(3회죽염김치)에서 밴드의 두께가 약해지거나 없어졌다.

김치 발효에서 어떤 소금을 사용하느냐에 따라 유산균 발효, 맛, 건강기능성(항산화, 항암, 항비만, 항염증)을 높여 소금의 선택이 중요하다. 죽염은 김치 발효와 제품의 맛과 건강기능성에 중요한 역할을 하였다.

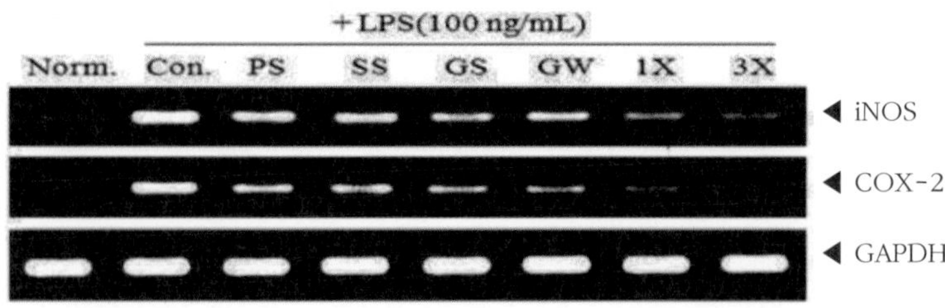

<그림15> 1회, 3회 죽염김치의 염증 유전자 억제 효과[44]

<연구 요약> 염증 유전자 발현 억제 효과

유전자	역할	3회죽염 김치 효과
iNOS	염증 매개 산화질소 생성	강하게 감소
COX-2	염증 반응 유지 효소	발현 억제

3회죽염 김치는 지방이 축적되는 것도 줄이고 염증 유전자까지 동시에 억제하였다. 즉 항비만, 항염증의 이중 건강 보호 효과를 보였다.

<연구 요약> 죽염 발효 김치의 건강 효과

효과	설명
장내 미생물 다양성 증가	소화·면역 균형 개선
지방 축적 억제	지방세포 분화(양, 크기) 감소, 항비만 효과
염증 반응 조절	iNOS, COX-2 등 염증 유전자 발현 억제
항산화·면역 안정화	발효 과정에서 생성되는 유효 대사물 + 죽염 미네랄 작용

불에 탄 대나무통 모양 그대로 죽염이 들어 있다. ⓒ인산가

⇨ 죽염으로 발효된 김치는 일반 김치보다 항비만·항염증 기능이 우수하였다.[44]

소금만 바뀌어도 김치의 건강 기능은 달라진다.
특히 '죽염 김치'는 지방 축적을 억제하고
염증 반응을 낮추는 효과가 있었다.

죽염의 활용

16

죽염은 일상생활에서 다양하게 활용할 수 있다

『죽염요법』 책에[10] 소개된 죽염의 활용 예를 간단히 소개한다 (p186~196). 책의 내용 중 민속약 연구가 김종성의 내용을 발췌한 부분이다.

1. 머리끝에서 발끝까지 활용되는 죽염의 이모저모

● 머리 : 원형탈모증, 모발 건강

- 피부의 상처 : 죽염 가루, 죽염수, 유죽연고(유근피+죽염)
- 얼굴

  눈썹 빠진 데, 안질(백내장 초기)

  코 : 만성축농증, 중이염, 죽염수(딸기코)

  입 : 구내염, 치근염, 풍치, 설염 – 죽염가루, 죽염

  여드름(죽염 복용, 죽염수) – 유죽연고
- 무좀 : 죽염수, 티눈, 지문 회복
- 화상
- 치질
- 정신질환
- 암, 염증, 궤양 등에 좋음

2. 죽염의 활용 예

- 만성위염, 십이지장염, 구강염/설염 치료됨 : (500g/개월)
- 만성비염(500g/개월+솜으로 묻혀 코를 막음), (완치 후 250g/개월) 250g/개월–3개월(100g/개월)
- 설사, 변비 : 500g/개월 치료, 정신질환 치료됨
- 비임균성요도염 : 500g/개월(250g/개월 계속 섭취)
- 편도선염 : 죽염, 양치질, 입에서 녹여 침으로 죽염 섭취
- 질염 : 250g/2주 + 염증 부위 세척, 치료됨

- 인후염 : 600g/개월, 치주염 500g/개월 (250g/개월 계속) 눈병, 치질, 증상 완화
- 신장염, 고혈압에도 좋음
- 발효식품에 이용 : 쥐눈이콩 발효 간장, 해독 효과 강함(죽염요법 p.200)

3. 죽염 이용법(복용법)

『죽염요법』책 참조(p.233~236).

가장 쉬운 방법

- 적은 양(쌀알 또는 콩알만큼)을 입에 넣고 침으로 녹여 천천히 삼킨다. 하루 50~100회 이상.
- 1/3 찻숟갈 만큼의 분량을 침으로 녹여 오래 입 안에 물고 있다가 삼킨다. 또는 이 양을 하루에 틈나는 대로 30~100회씩 자주 먹다가 먹는 양을 늘린다.

건강한 사람

- 250g/개월 : 체질을 강하게 하고 질병 예방, 항산화, 염증 억제한다.

환자

- 250g/주 : 콩알만큼씩 100~200회 자주 복용한다. 조금씩 먹으면서 적응한다.
- ※ 하루에 죽염 숟가락(2g)을 5~7회 섭취 : 생강차, 유근피차, 보리차, 우유 등과 함께 섭취한다.

맺음말

이 소책자에는 소금과 죽염 그리고 죽염의 건강기능성 메커니즘을 SCI 논문 등의 연구 결과들을 바탕으로 요약하였고, 그 결과 및 결론 등을 정리하였다.

여기에 소개된 연구 결과들은 죽염의 건강기능성에 대한 가능성을 보여 준 것으로, 다른 연구자들에 의해 지속적인 확인 연구가 더 필요하다. 만일 관심 있는 연구 분야가 있고, 잘 이해가 되지 않는다면 본문에 인용되어 있는 참고문헌을 더 찾아보기 바란다. 관련 논문을 찾아보면 전체 내용을 잘 파악할 수 있음을 말씀드린다.

우리 선조들은 가난 속에서 민간요법으로 질병을 예방하고 치료하였는데 식약동원(食藥同源)의 개념으로 음식을 약으로 많이 이용하였다. 특히 소금의 섭취는 인체에 필수적이다. 서해안의 천일염과 대나무통을 이용하여 구운 죽염은 선조들이 우리에게 남겨준 약이었다. 그리고 이 약소금을 이용한 전통 발효식품은 최고의 건강식품이었다.

현대과학은 발효식품에 많은 관심을 가진다.

발효식품은 이제 한국인뿐 아니라 세계인이 꿈꾸는 이상적인 건강식품이다. 인체는 인체세포 수보다 많은 미생물들과 공생하고 있으며, 이들이 우리 인체 건강에 영향을 주어 질병의 원인과 치료에 도움이 된다. 우리는 가난했지만 선조들은 생활 속 지혜와 깊은 사랑으로 죽염과 전통 발효식품을 우리에게 남겨주었다.

참고문헌

1. O'Donnell, M., Mente, A., Rangarajan, S., McQueen, M. J., Wang, X., Liu, L., ... & Yusuf, S. (2014). Urinary sodium and potassium excretion, mortality, and cardiovascular events. New England Journal of Medicine, 371(7), 612-623.

2. Mente, A., O'Donnell, M.J., Rangarajan, S., Dagenais, G., Lear, S.A.,McQueen, M. ...... Yusuf, S,(2016). Associations of urinary sodium excretion with cardiovascular events in individuals with and without hypertension: a pooled analysis of data from four studies. The Lancet, 388(10043), 465-475.

3. O'Donnell, MJ, Yusuf, S, Mente,A et al.(2011). Urinary sodium and potassium excretion and risk of cardiovascular events. JAMA. 306:2229-2238

4. Park JE., Han A., Mun EG, Cha YS.(2024). A traditional Korean fermented food, Gochujang exerts anti-hypertensive effects, regardless of its high salt content by regulating renin-angiotensin-aldosterone system in SD rats. Heliyon, 10, e30451

5. 김일훈/김윤세, (1980), 우주와 신약, 인산의학재단

6. 김일훈/김윤세, (1981), 구세신방, 인산의학재단

7. 김윤세/김일훈, (1986), 신약, ㈜인산가

8. 김일훈, (1998), 신약본초(전편), 도서출판 인산가

9. 김일훈, (1998), 신약본초(후편), 도서출판 인산가

10. 김윤세, (2016), 죽염요법, ㈜인산가

11. Zhao, X., Song, J. L., Jung, O. S., Lim, Y. I., & Park, K. Y. (2014). Chemical properties and *in vivo* gastric protective effects of bamboo salt. Food Science and Biotechnology, 23(3), 895-902.

12. Lee, Y. C., Lee, M. S., & Jang, S. J. (2016). Jukyeom as the source of trace elements to the human body: An analysis using Insan Jukyeom. Journal of Food Science and Nutrition. 2, 100011

13. 조흔, 정옥상, & 박건영. (2012). 죽염의 알칼리성 및 항산화 효과. 한국식품영양과학회지, 41(9), 1301-1304.

14. 방쥬호, 박병유, & 김동석. (2002). 죽염섭취가 혈압 및 전해질에 미치는 영향. 한국위생학회지, 8(2), 87-95.

15. Teicher, BA. (1995). Final Report for Jukyom : Toxicology and antitumor activity. Efficancy of orally adminstered Jukyom against the EMT-6/parent tumor, w/ or w/o radiotherapy and toxicology study for human oral consumption. Cancer Pharmacology, Dana-Farber Center Institue/Harvard Medical School, Boston, MA, USA.

16. Zhao, X., Qi, Y., Yi, R., & Park, K. Y. (2018). Anti-ageing skin effects of Korean bamboo salt on SKH1 hairless mice. The International Journal of Biochemistry & Cell Biology, 103, 1-13.

17. Om, A. S., & Joeng, J. H. (2007). Bamboo salts have antioxidant activity and inhibit ROS formation in human Astrocyte 4373MG cells. Cancer Preventive Research, 12, 225-230.

18. Kim, Y. S., Lee, E. H., & Kim, H. M. (2013). Surprisingly, traditional purple bamboo salt, unlike other salts does not induce hypertension in rats. CELLMED, 3(2), 16-1.

19. Jan, R., & Chaudhry, G. S. (2019). Understanding apoptosis and apototic pathways targeted cancer therapeutics. Advanced Pharmaceutical Bulletin. 9(2), 205-218.

20. Vendramini-Costa, D.B., & E Carvalho, J.E.(2012). Molecular link mechanisms between inflammation and cancer. Current pharmaceutical design, 18(26), 3831-3852.

21. Zhao, X., Kim, S. Y., & Park, K. Y. (2013). Bamboo salt has *in vitro* anticancer activity in HCT-116 cells and exerts anti-metastatic effects *in vivo*. Journal of Medicinal Food, 16(1), 9-19.

22. Ju, J., Lee, G. Y., Kim, Y. S., Chang, H. K., Do, M. S., & Park, K. Y. (2016). Bamboo salt suppresses colon carcinogenesis in C57BL/6 mice with chemically induced colitis. Journal of Medicinal Food, 19(11), 1015-1022.

23. Kim, H. Y., Han, D. K., Kim, J. E., Yoo, M. S., Lee, J. S., Kim, H. Y., Kim, H. M., & Jeong, H. J. (2021). Anticancer effect of Sambou bamboo salt in melanoma skin cancer both *in vivo* and *in vitro* models. Journal of Food Biochemistry. e13903.

24. Zhao, X., Deng, X., Park, K. Y., Qiu, L., & Pang, L. (2013). Purple bamboo salt has anticancer activity in TCA8113 cells *in vitro* and preventive effects on buccal mucosa cancer in mice *in vivo*. Experimental and Therapeutic Medicine, 5(2), 549-554.

25. 최충호. (2012). 죽염을 이용한 우식 예방. 대한치과의사협회지, 50(9), 552-557.

26. Biria, M., Rezvani, Y., Roodgarian, R., Rabbani, A., & Iranparvar, P. (2022). Antibacterial effect of an herbal toothpaste containing Bamboo salt: a randomized double-blinded controlled clinical trial. BMC Oral Health, 22(1), 193.

27. 오한나, 최충호. 죽염이 염증성 치은 섬유모세포에 미치는 영향. (2014). Journal of Korean Academy of Oral Health, 38(2), 90-94.

28. Zhao, X., Song, J. L., Jung, O. S., Lim, Y. I., & Park, K. Y. (2014). Chemical properties and *in vivo* gastric protective effects of bamboo salt. Food Science and Biotechnology 23, 895 - 902.

29. Lee, T. H., Jeong, H. Y., An, D. Y., Kim, H., Cho, J. Y., Hwang, D. Y., Lee, H. J., Ham, K. S., & Moon, J. H. (2022). Bamboo salt and triple therapy synergistically inhibit *Helicobacter pylori*-Induced gastritis *in vivo*: A preliminary study. International Journal of Molecular Sciences, 23(22), 13997.

30. 풍릉운. (2011). 쥐에서 자죽염의 위궤양 예방 효과(Protective effect of purple bamboo salt on gastric ulcer induced by aspirin in rats). 목포대학교 대학원 석사학위논문

31. Kim, H. M., Ju, J., Moon, P. D., Han, N. R., Jeong, H. J., & Park, K. Y. (2018). Health benefit effects of jukyeom (Bamboo salt). In Korean Functional Foods (pp. 319-340). CRC Press., USA

32. Zhao, X., Song, J. L., Kil, J. H., & Park, K. Y. (2013). Bamboo salt attenuates CCl_4-induced hepatic damage in Sprague-Dawley rats. Nutrition Research and Practice, 7(4), 273-280.

33. Zhao, X., Ju, J., Kim, H. M., & Park, K. Y. (2013). Antimutagenic activity and *in vitro* anticancer effects of bamboo salt on HepG2 human hepatoma cells. Journal of Environmental Pathology, Toxicology and Oncology, 32(1), 9-20.

34. Ju, J., Song, J. L., & Park, K. Y. (2015). Antiobesity effects of bamboo salt in C57BL/6 mice. Journal of Medicinal Food, 18, 706-710.

35. Kim, K. Y., Nam, S. Y., Shin, T. Y., Park, K. Y., Jeong, H. J., & Kim, H. M. (2012). Bamboo salt reduces allergic responses by modulating the caspase-1 activation in an OVA-induced allergic rhinitis mouse model. Food Chemical Toxicology, 50, 3480-3488

36. Yoou, M. S., Nam, S. Y., Yoon, K. W., Jeong, H. J., & Kim, H. M. (2018). Bamboo salt suppresses skin inflammation in mice with 2, 4-dinitrofluorobenzene-induced atopic dermatitis. Chinese Journal of Natural Medicines, 16(2), 97-104.

37. 목포대학교 산학협력단 (2014). 자죽염을 포함하는 알츠하이머병 예방용 조성물 및 자죽염의 제조방법. 국제 공개번호

WO2014116015A2

38. Kim, N. R., Nam, S. Y., Ryu, K. J., Kim, H. M., & Jeong, H. J. (2016). Effects of bamboo salt and its component, hydrogen sulfide, on enhancing immunity. Molecular Medicine Reports, 14(2), 1673-1680.

39. Shin, H. Y., Lee, E. H., Kim, C. Y., Kim, S. D., Song, Y. S., & Kim, H. M. (2003). Anti-inflammatory activity of Korean folk medicine purple bamboo salt. Immunopharmacology and Immunotoxicology. 25(3), 377-384.

40. Kang, H. G., Choi, Y. J., Kim, H. Y., Kim, H. M., & Jeong, H. J. (2024). Sambou Bamboo salt™ down-regulates the expression levels of angiotensin-converting enzyme 2 in activated human mast cells. Food Science and Biotechnology, 33(7), 1697-1705.

41. Wastyk, H. C., Fragiadakis, G. K., Perelman, D., Dahan, D., Merrill, B. D., Yu, F. B., ... & Sonnenburg, J. L. (2021). Gut-microbiota-targeted diets modulate human immune status. Cell, 184(16), 4137-4153.

42. 박건영, 홍근혜. (2019). 김치와 김치의 건강기능성

43. Jeong M., Park JM, Han YM, et al. (2015) Dietary prevention of *Helicobacter pylori* associated gastric cancer with kimchi. Oncotarget 6:29513-29526

44. 박건영. (2017). 죽염을 이용한 건염 절임배추 및 이를 이용한 죽염 김치의 제조방법. 공개특허. 대한민국특허청. 10-2017-0118470.